高等职业教育机电类专业系列教材

数控编程与操作

主　编　孟超平　康　俐
副主编　王　京　刘　玲　雷　彪
　　　　关海英
参　编　赵　磊　姜明磊　梁振威
　　　　陈国君　董光宇
主　审　刘敏丽

机械工业出版社

本书按照"项目导向、任务驱动""以学生为中心,以应用能力为本位"的教学思路进行编写,让学生"学中做,做中学",充分体现了"理实一体化"的教学理念。本书根据数控车床和数控铣床加工对象的不同,设置不同的加工任务,任务设置参照国家职业技能标准和规范,以零件加工为课题、职业实践为主线进行编排。本书以二维码的形式展示数控编程指令的二维及三维动画、数控加工的实操视频,并将重点、难点内容以微课的形式进行讲解,力求通俗易懂、表达直观,有利于提高高职高专学生理论基础和认知能力,达到强化技能的目的。配合开展相应的技能训练,提高学生的技能水平和创新能力。同时,可以利用翻转课堂实现信息化教学,开展在线开放课程。

本书共设置 11 个实践项目,22 个加工任务,任务设置由简单到复杂,由单一到复合,每个任务讲解均包含工作任务、知识目标、能力目标、知识链接和任务实施环节。此外,配套设置拓展训练任务共 14 个,其中数控车床加工任务 8 个,数控铣床加工任务 6 个。

本书可作为高职高专机电类专业教材,适用于 78~110 学时的教学;也可用作成人高校、中等职业学校机电类专业教材,同时可供工程技术人员参考和自学,还可用于数控大赛备赛培训,数控车工、数控铣工职业技能鉴定培训,企业从业人员及教师培训等。

本书配有电子课件,并提供数控车工、数控铣工职业技能鉴定模拟试题和数控大赛试题样题,使用本书作为教材的教师可登录机械工业出版社教育服务网(http://www.cmpedu.com)注册后免费下载上述资源,咨询电话:010-88379375。

图书在版编目(CIP)数据

数控编程与操作/孟超平,康俐主编. —北京:机械工业出版社,2019.5(2021.8重印)
高等职业教育机电类专业系列教材
ISBN 978-7-111-62321-2

Ⅰ.①数… Ⅱ.①孟… ②康… Ⅲ.①数控机床-程序设计-高等职业教育-教材②数控机床-操作-高等职业教育-教材 Ⅳ.①TG659

中国版本图书馆 CIP 数据核字(2019)第 051611 号

机械工业出版社(北京市百万庄大街22号 邮政编码100037)
策划编辑:王英杰 责任编辑:王英杰 王 丹
责任校对:王 欣 封面设计:张 静
责任印制:张 博
涿州市般润文化传播有限公司印刷
2021年8月第1版第4次印刷
184mm×260mm・13 印张・318 千字
5701—7600 册
标准书号:ISBN 978-7-111-62321-2
定价:39.80 元

电话服务 网络服务
客服电话:010-88361066 机 工 官 网:www.cmpbook.com
　　　　　010-88379833 机 工 官 博:weibo.com/cmp1952
　　　　　010-68326294 金 书 网:www.golden-book.com
封底无防伪标均为盗版 机工教育服务网:www.cmpedu.com

前言

本书依托《高等职业教育创新发展行动计划（2015—2018）》建设规划，根据教育部对高等职业教育人才培养目标的要求，结合高等职业教育人才培养特点以及编者团队的教学和实践经验编写而成。本书的编写同时考虑了机电类专业人才培养的特点，依据国家职业技能标准及企业对数控相关岗位工作能力的要求，确定了当前各类数控加工岗位从业人员所需掌握的知识内容、技能水平和能力素质，通过典型任务开展教学，同时融入职业技能鉴定的内容，使本门课程的教学过程与企业相关岗位的生产过程基本一致，同时也为学生进行职业技能鉴定奠定基础。

本书按照"项目导向、任务驱动"的编写思路，以真实项目为引导，突出工作任务与相关知识的密切联系，强化学生知识应用，加强综合技能和创新能力的培养。

一、本书创新点及实用性

1) 内容方面，根据数控车床和数控铣床加工对象的不同，设置不同的加工任务，任务设置参照国家职业技能标准和规范，以零件加工为课题、职业实践为主线进行编排。有利于提高高职高专学生理论基础和认知能力，达到强化技能的目的。配合开展相应的技能训练，提高学生的技能水平和创新能力。

2) 配套资源方面，除传统的教案、电子课件外，增加了数控编程指令的二维及三维动画、操作视频资源及教学微课等，可以利用翻转课堂实现信息化教学，开展在线开放课程。同时提供数控车工、数控铣工职业技能鉴定模拟试题和数控大赛试题样题，资源丰富，可供教师及学生培训、学习。

3) 拓展训练方面，附录提供了数控车床加工和数控铣床加工拓展训练任务单，增强学生理论联系实际的能力，提高动手操作能力，培养创新精神。

二、本书内容

本书内容包含数控车床编程与操作和数控铣床编程与操作两篇，其中，第一篇包含以下加工项目：数控车床的基本操作、轴类零件的加工、成形面类零件的加工、螺纹类零件的加工、轴套类零件的加工，综合零件数控车削加工；第二篇包含以下加工项目：数控铣床的基本操作、平面轮廓零件的加工、特殊零件的加工、孔系零件的加工、综合零件数控铣削加工。此外，在附录中给出了数控车床和数控铣床拓展训练对应的加工任务单。

本书由内蒙古机电职业技术学院孟超平、康俐担任主编；内蒙古机电职业技术学院刘敏丽担任主审；内蒙古机电职业技术学院王京、刘玲、雷彪、关海英担任副主编；内蒙古机电职业技术学院赵磊、姜明磊、梁振威，武汉华中数控股份有限公司机床测试和客服工程师陈国君，内蒙古航天红岗机械有限公司董光宇为参编。

其中，数控车项目一、数控铣项目一由雷彪编写；数控车项目二、项目三，数控铣项目二由孟超平编写；数控车项目四、数控铣项目三由王京编写；数控车项目五、数控铣项目四由刘玲和赵磊编写；数控车项目六、数控铣项目五由康俐和关海英编写；附录 A 和附录 B 由孟超平、王京、刘玲、关海英编写；姜明磊、梁振威负责视频脚本编写及拍摄；陈国君、董光宇结合企业岗位要求，为本书提供了案例资源；数控大赛选手王福虎、包强参与了制图工作。全书由孟超平、康俐统稿和定稿。

三、本书应用范围

本书是高职高专教育三年制机电类专业教材，适用于 78~110 学时的教学，教师可以根据专业培养目标的不同进行内容的取舍。本书也适合用作成人高校、中等职业学校机电类专业教材，同时可供工程技术人员参考或作为自学用书。此外，本书也可作为数控大赛备赛培训用书，还可用于数控车工、数控铣工职业技能鉴定培训，企业从业人员及教师培训等。

由于编者水平有限，书中不妥之处在所难免，恳请广大读者批评指正。

编　者

目 录

前 言

第一篇 数控车床编程与操作

项目一 数控车床的基本操作 ………… 2
    任务一 了解数控车床操作面板功能………… 2
    任务二 数控车床操作方法和步骤 ………… 6
项目二 轴类零件的加工 ………… 12
    任务一 简单阶梯轴零件的加工 ………… 12
    任务二 槽类零件的加工 ………… 32
项目三 成形面类零件的加工 ………… 39
    任务 圆弧面零件的加工 ………… 39
项目四 螺纹类零件的加工 ………… 49
    任务一 外螺纹零件的加工 ………… 49
    任务二 内螺纹零件的加工 ………… 61
项目五 轴套类零件的加工 ………… 65
    任务一 通孔类零件的加工 ………… 65
    任务二 不通孔类零件的加工 ………… 71
项目六 综合零件数控车削加工 ………… 77
    任务一 中等复杂零件的加工 ………… 77
    任务二 复杂零件的加工 ………… 81
    任务三 配合零件的加工 ………… 86

第二篇 数控铣床编程与操作

项目一 数控铣床的基本操作 ………… 95
    任务一 了解数控铣床操作面板功能 ………… 95
    任务二 数控铣床操作方法和步骤 ………… 97
项目二 平面轮廓零件的加工 ………… 108
    任务 内、外轮廓零件的加工 ………… 108
项目三 特殊零件的加工 ………… 121
    任务一 镜像特征零件的加工 ………… 121
    任务二 旋转特征零件的加工 ………… 125
    任务三 缩放特征零件的加工 ………… 129
项目四 孔系零件的加工 ………… 134
    任务 过渡连接板的加工 ………… 134
项目五 综合零件数控铣削加工 ………… 147
    任务一 中等复杂零件的加工 ………… 147
    任务二 复杂零件的加工 ………… 150
    任务三 复杂综合零件的加工 ………… 154
附录 ………… 159
    附录A 数控车床加工任务单 ………… 159
    附录B 数控铣床加工任务单 ………… 183
参考文献 ………… 201

第一篇

数控车床编程与操作

项目一
数控车床的基本操作

项目描述

本项目介绍华中"世纪星"HNC-21T 数控车系统的操作面板与基本操作,通过学习,应了解数控系统的性能、特点,掌握数控系统的功能和数控机床的操作方法。

任务一 了解数控车床操作面板功能

【工作任务】
掌握华中"世纪星"HNC-21T 数控车系统操作面板的各项功能。
【知识目标】
1. 了解华中"世纪星"HNC-21T 数控车系统的操作面板组成。
2. 掌握华中"世纪星"HNC-21T 数控车系统操作面板的按键功能。
【能力目标】
掌握华中"世纪星"HNC-21T 数控车系统操作面板的操作方法。

知识链接

一、数控车床操作面板组成

华中"世纪星"数控车系统(HNC-21T)采用彩色液晶显示屏、内装式 PLC,可与多种伺服驱动单元配套使用,具有开放性好、结构紧凑、集成度高、可靠性好、性价比高、易于操作和维护等优点。本节以 HNC-21T 数控车系统为例介绍华中数控车床操作面板功能区域组成,如图 1-1-1 所示。

操作面板是操作人员与数控机床进行交互的工具,一方面,操作人员可以通过它对数控车床进行操作、编程、调试;另一方面,操作人员也可以通过它了解或查询数控车床的运行状态。HNC-21T 数控车系统采用集成式操作面板,共分为显示屏区、功能键区、键盘键区、机床操作按键区和急停按钮五部分。

二、数控车床操作面板功能说明

1. 显示屏区

图 1-1-2 所示为 HNC-21T 数控车床操作面板显示屏区,主要显示当前操作或执行的程

第一篇 数控车床编程与操作

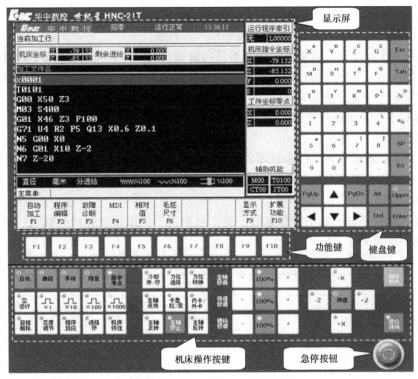

图 1-1-1 华中数控车床操作面板

序,该区域由以下八部分组成:

1) 代号 1 指示部分第一行显示当前加工方式、系统运行状态和系统当前时间,第二行显示当前正在加工或将要加工的程序行。

2) 代号 2 指示部分显示当前刀具在机床坐标系下的坐标,以及 X、Z 方向剩余的进给量。

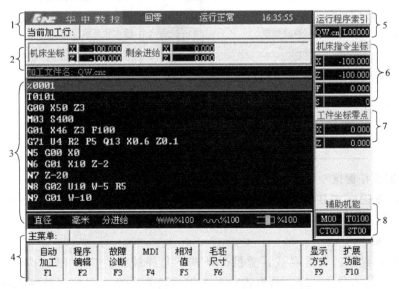

图 1-1-2 HNC-21T 数控车床操作面板显示屏

3）代号3指示部分为图形显示窗口，通过功能键"F9"设置窗口显示内容。下面显示直径/半径编程、米/英制编程、进给单位和倍率修调值。

4）代号4指示部分为菜单命令条，通过功能键"F1~F10"完成系统不同功能的操作。

5）代号5指示部分为运行程序索引，显示自动加工中的程序名和当前程序段行号。

6）代号6指示部分为选定坐标系下的坐标值，坐标系可以是机床坐标系、工件坐标系、相对坐标系；显示值可在指令位置、实际位置、剩余进给、跟踪误差、负载电流、补偿值之间切换。

7）代号7指示部分为工件坐标零点，显示工件坐标系零点在机床坐标系下的坐标。

8）代号8指示部分为辅助机能，显示当前自动加工程序中的M、S、T代码。

2. 键盘键区

该操作区包括字母、数字键和编辑按键，主要用于程序和坐标值的输入、编辑。其中，编辑按键的功能见表1-1-1。

表1-1-1 编辑按键的功能

按键	功能	按键	功能
Esc	取消键。取消当前操作	Tab	跳档键
SP	空格键。空出一格	BS	退格键。删除光标前的一个字符,光标向前移动一个字符位置
PgUp	向上翻页键。使编辑的程序向程序头滚动一屏,光标位置不变	PgDn	向下翻页键。使编辑的程序向程序尾滚动一屏,光标位置不变
Alt	替代键。用输入的数据替代光标所在位置的数据	Upper	上档键
Del	删除键。删除当前字符,或者删除一个数控程序,或者删除全部数控程序	Enter	确认键。确认当前操作;结束一行程序的输入并且换行
◀	向左移动光标键	▶	向右移动光标键
▲	向上移动光标键	▼	向下移动光标键

3. 机床操作按键区

机床操作按键区主要用于控制机床的运动和选择机床运行状态，各按键的功能见表1-1-2和表1-1-3。

4. 急停按钮

机床运行过程中，在危险或紧急情况下按下急停按钮，CNC（Computerized Numerical Control）系统即进入急停状态，伺服进给及主轴运转立即停止工作（控制柜内的进给驱动电源被切断）。右旋松开急停按钮，按钮自动跳起，CNC进入复位状态。

表 1-1-2　机床操作按键的功能（一）

说明	按键	功　能	说明	按键	功　能
方式选择	自动	自动加工模式，自动连续加工工件	卡盘操作	卡盘松/紧	在手动模式下，松开、卡紧卡盘
	单段	单行加工模式，按一下"循环启动"按键，运行一个程序段		内卡/外卡	卡盘夹紧方式选择
	手动	手动模式，手动连续移动台面或者刀具	控制开关	循环启动	程序运行开始。模式选择旋钮在"AUTO"和"MDI"时按下有效
	增量	增量工作模式，定量移动机床坐标轴，移动距离由倍率开关调整		进给保持	程序运行停止。在数控程序运行时，按下此按钮停止程序运行
	回参考点	回参考点模式，手动返回机床参考点，建立机床坐标系		冷却开/停	在手动模式下，控制冷却液开、关
倍率修调	×1	增量或手动模式下，定量移动0.001mm	其他功能按键	刀位选择	在手动模式下，选择工作位上的刀具
	×10	增量或手动模式下，定量移动0.01mm		刀位转换	在手动模式下，按一下"刀位转换"按键，转塔刀架转动一个刀位
	×100	增量或手动模式下，定量移动0.1mm		空运行	在自动模式下，按下该键，坐标轴以最大快移速度移动
	×1000	增量或手动模式下，定量移动1mm		超程解除	按下该键，再按与超程方向相反的坐标轴键，解除超程
主轴控制	主轴正转	主轴正转		机床锁住	用来禁止机床坐标轴移动。但显示屏上的坐标轴位置信息仍会发生变化
	主轴停止	主轴停止		亮度调节	调节机床液晶屏幕亮度
	主轴反转	主轴反转		程序跳段	自动模式下按下此键，跳过程序段开头带有"/"的程序段
	主轴点动	在手动模式下，按"主轴点动"按键点动转动主轴		选择停	"选择停"按键有效时，自动模式下，遇"M01"程序停止

表 1-1-3　机床操作按键的功能（二）

按键	功　能	按键	功　能
主轴修调 - 100% +	主轴转速修调倍率按键	-X / -Z 快进 +Z / +X	在手动连续进给、增量进给和返回机床参考点运行模式下，用来选择机床将要移动的轴和方向
快速修调 - 100% +	G00快移修调倍率按键		
进给修调 - 100% +	工作进给或手动进给速度修调倍率按键		

5. 功能键区

在菜单命令条及弹出菜单中，每一个功能项的按键上都标注了F1、F2等字样，表明对应操作也可以通过按下相应的功能键来执行。通过功能键"F1~F10"，可以实现系统的主要功能。由于每一项功能有不同的操作，菜单命令采用分层结构，在主菜单下，按"F1~F10"会出现不同功能的子菜单，操作者可以根据子菜单的内容选择所需的操作。图1-1-3所示为主菜单部分命令的层次结构。

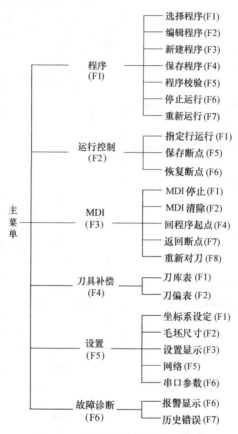

图1-1-3 主菜单层次结构（示例）

任务二 数控车床操作方法和步骤

【工作任务】

掌握装有华中"世纪星"HNC-21T系统的数控车床的操作方法。

【知识目标】

1. 掌握华中"世纪星"HNC-21T系统数控车床的操作方法。
2. 掌握华中"世纪星"HNC-21T系统数控车床的对刀和数据设置。
3. 掌握华中"世纪星"HNC-21T系统数控车床的程序编辑和运行。

【能力目标】

能够熟练操作华中"世纪星"HNC-21T系统数控车床。

一、基本操作方法

1. 开机、复位操作

检查车床状态是否正常,电源、电压是否符合要求;按下操作面板上的急停按钮,合上机床后面的断路器(俗称空气开关),松开总电源开关,打开计算机电源,进入数控系统的界面;右旋松开急停按钮,系统复位,当前对应的加工方式为"手动"。

2. 关机操作

先按下急停按钮,然后按下总电源开关,最后关闭断路器。

3. 急停、复位操作

在有危险时按下急停按钮,危险解除后右旋松开急停按钮,使系统复位,并接通伺服电源。

4. 回参考点操作

按下"回参考点"按键,键内指示灯亮,再按"+X"键及"+Z"键,刀架移回至机床参考点。当所有坐标轴回参考点后,即建立起机床坐标系。

5. 超程解除操作

当某轴出现超程报警("超程解除"指示灯亮)时,为解除超程,先将工作模式设置为"手动"(或者"手摇")方式,然后一直按住"超程解除"键不放,选择出现超程方向的反方向按键移动刀架,直到"超程解除"指示灯灭,显示屏显示"运行正常"为止。

二、手动操作

1. 点动操作

先按"手动"按键选择手动模式,然后设定进给修调倍率,再按"+Z"或"-Z"键、"+X"或"-X"键,使坐标轴连续移动;在点动进给时,同时按压"快进"按键,则实现相应轴正向或负向的快速移动。

2. 增量进给

先将手轮上坐标轴选择开关置于"OFF"档,然后按一下操作面板上的"增量"按键,再按"+Z"或"-Z"键、"+X"或"-X"键,即可沿选定的方向移动一个增量值。

注意与点动操作方式的区别:此时按住"+Z"或"-Z"键、"+X"或"-X"键不放开,坐标轴也只能移动一个增量值,不能连续移动。增量进给的增量值由"×1""×10""×100""×1000"四个增量倍率按键控制。

3. 手摇进给

先将手轮上坐标轴选择开关置于"X"或者"Z"档,顺时针或逆时针旋转手摇脉冲发生器一格,可控制 X 轴或 Z 轴,使之向坐标轴正向或负向移动一个增量值;连续发生脉冲,则连续移动机床坐标轴。手摇脉冲发生器一格的移动量由手轮上"×1""×10""×100"三个倍率按键控制。

4. 手动换刀

在手动模式下,按"刀位选择"键,选定刀位后,再按"刀位转换"键,转塔刀架则转到所选的刀位上。

5. 手动数据输入（MDI）

在图 1-1-1 所示的操作面板界面中，按"F4"键进入 MDI 功能子菜单，再按"F6"键进入 MDI 运行界面，命令行的底色变成白色，并且有光标在闪烁。这时，可以通过 NC 键盘输入并执行一个指令段，如输入"M03 S800"，如图 1-1-4 所示。如发现输入错误，可以用编辑键进行修改，确定无误后，按"Enter"键；将加工方式选择为"单段"，然后按"循环启动"键，则主轴以 800r/min 的转速正转。

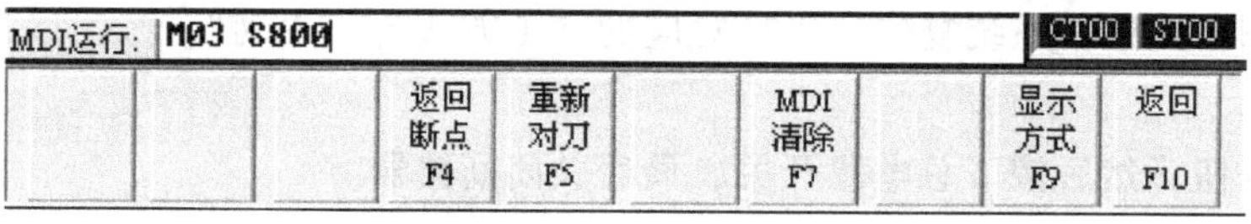

图 1-1-4 MDI 运行方式

E1-1-1 数控车外圆车刀对刀方法

三、对刀

对刀有很多种方法，比如试切法对刀、对刀仪对刀等，这里主要介绍手动试切法对刀。

首先按"手动"键选择手动模式，然后手动试切工件端面，测量工件长度，得到刀具在工件坐标系下的 Z 轴坐标值（此时刀具不能再有 Z 向移动）。之后在图 1-1-5 所示的主菜单中按"F4"键，进入 MDI 功能子菜单（图 1-1-6），接着按"F2"键，显示屏中出现图 1-1-7 所示的刀偏表。通过上下光标移动键选择刀偏号（刀偏号与刀号对应），通过左右光标移动键将光标移动到相应刀偏号对应的"试切长度"栏，按"Enter"键，可清空原有数据，再输入测量得到的工件长度，按"Enter"键确认。上述操作可以确定出工件坐标系 X 轴相对工件某一端面的距离。

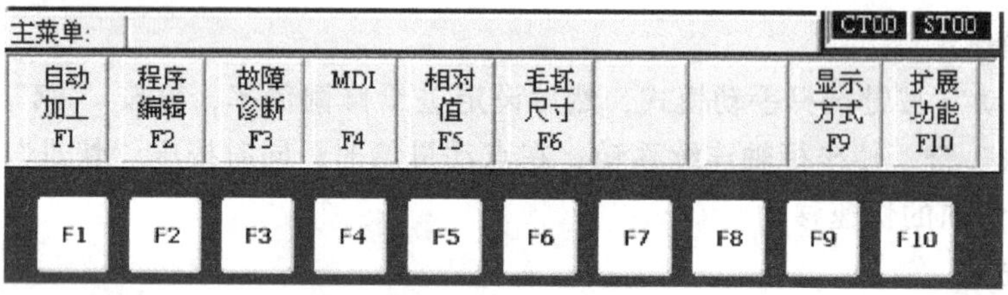

图 1-1-5 主菜单

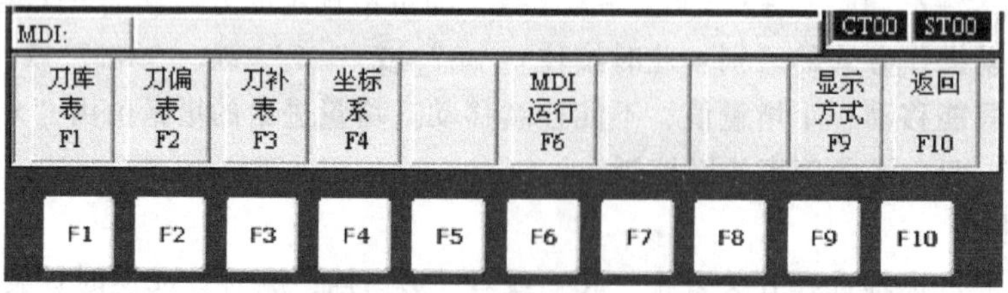

图 1-1-6 MDI 功能子菜单

继续手动试切外圆，测量直径，得到刀具在工件坐标系下的 X 轴坐标值（此时刀具不能再有 X 向移动）。通过左右光标移动键将光标移动到同一行的"试切直径"栏，按"Enter"键，可清空原有数据，再输入测量得到的工件直径，按"Enter"键确认。这样可以确定出工件坐标系的 Z 轴位置。

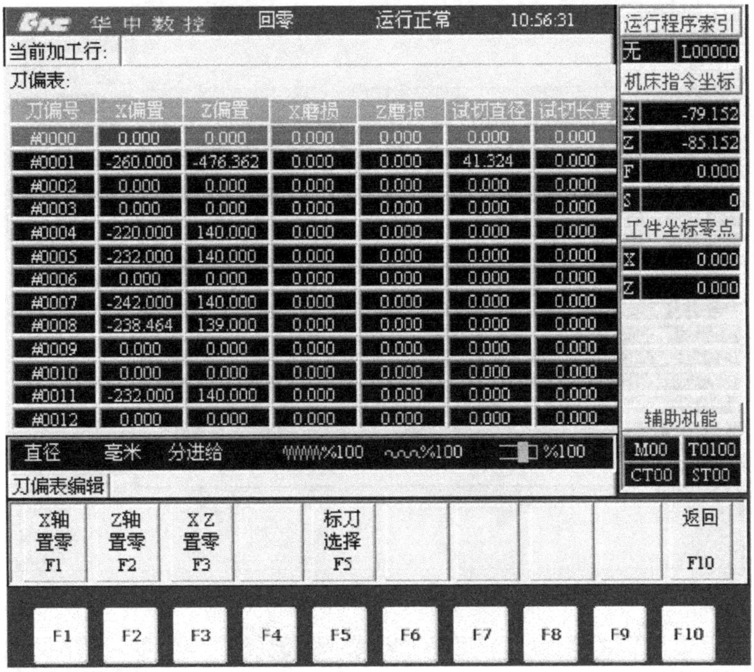

图 1-1-7 刀偏表

以上操作建立了以工件左端面中心为坐标圆点的工件坐标系。如果想以工件右端面中心为坐标圆点建立工件坐标系，在"试切长度"栏输入零即可，其他操作不变。同理，只要在"试切直径"栏输入确切数值，就可以以工件旋转轴线上任意点为坐标圆点建立工件坐标系。

四、数据设置

1. 刀偏表数据设置

在图 1-1-5 所示的主菜单中按"F4"键，进入图 1-1-6 所示的 MDI 功能子菜单，再按"F2"键进入刀偏表，如图 1-1-7 所示。通过上、下、左、右光标移动键选择要编辑的项，按"Enter"键后进行编辑、修改，然后再按"Enter"键确认。

2. 刀补表数据设置

在图 1-1-5 所示的主菜单中按"F4"键，进入图 1-1-6 所示的 MDI 功能子菜单，再按"F3"键进入刀补表，如图 1-1-8 所示。通过上、下、左、右光标移动键选择要编辑的项，按"Enter"键后进行编辑、修改，然后再按"Enter"键确认。

3. 坐标系数据设置

在图 1-1-5 所示的主菜单中按"F4"键，进入图 1-1-6 所示的 MDI 功能子菜单，再按"F4"键进入坐标系设置界面，如图 1-1-9 所示。在命令行输入所需设置的数据，即工件坐标系零点在机床坐标系中的坐标值，然后再按"Enter"键确认。

五、程序编辑

1. 编辑新程序

在图 1-1-5 所示的主菜单中按"F2"键，进入图 1-1-10 所示的程序编辑子菜单。然后按"F1"

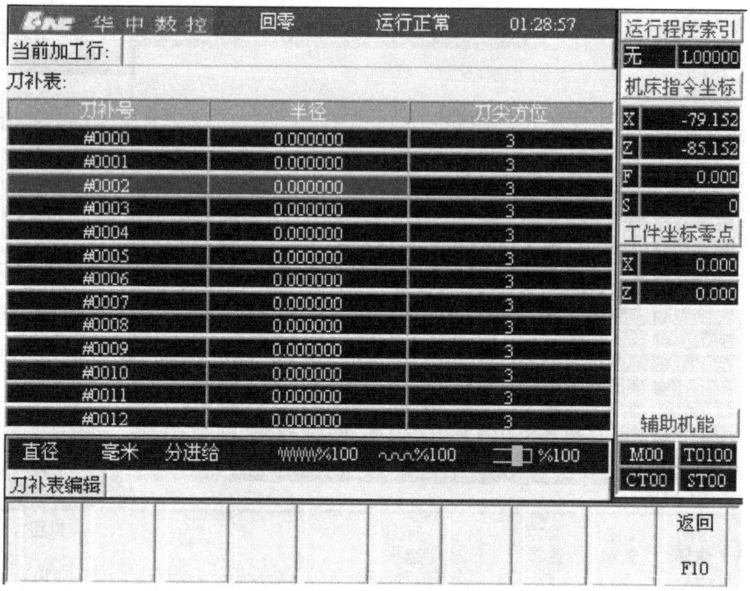

图 1-1-8 刀补表

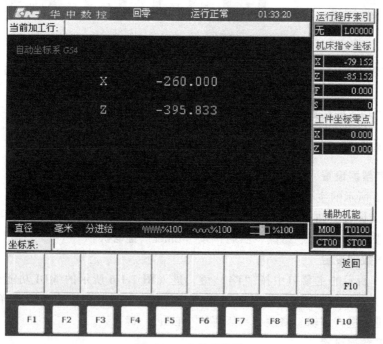

图 1-1-9 坐标系设置

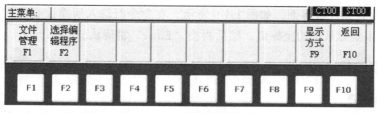

图 1-1-10 程序编辑子菜单

键，在弹出的图 1-1-11 所示菜单中按"F2"键，进入新建文件界面，命令行要求输入新文件名，如图 1-1-12 所示。输入文件名后，按"Enter"键确认，新文件自动保存；接着就可以将写好的程序输入到数控装置中，输入完毕后，按"F4"键保存即可。

2. 编辑已有程序

在图 1-1-5 所示的主菜单中按"F2"键，进入图 1-1-10 所示的程序编辑子菜单。然后按"F2"键，在弹出的图 1-1-13 所示菜单

图 1-1-11 文件管理菜单

图 1-1-12 新建文件

中按"F1"键，进入磁盘程序界面，显示屏出现文件列表，如图 1-1-14 所示。通过上、下光标移动键选择需要编辑的文件，按"Enter"键确认，屏幕上就会显示该文件名对应的程序，此时可以编辑、修改打开的程序，编辑完成后按"F4"键保存即可。

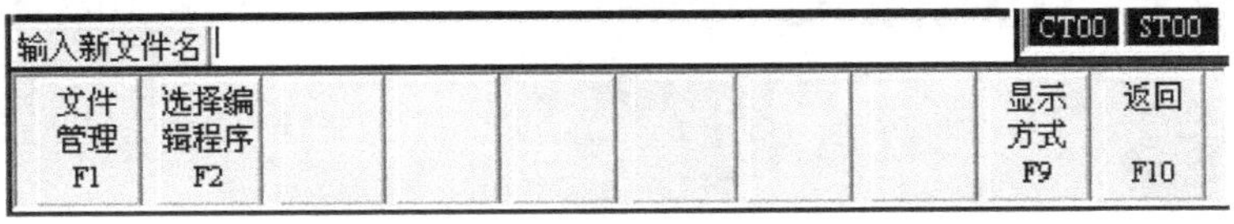

图 1-1-13 选择编辑程序菜单

图 1-1-14 磁盘程序文件列表

六、程序运行

1. 模拟运行

在自动加工模式下，选择好要模拟运行的程序，按下机床操作面板中的"机床锁住"键，使其指示灯亮；然后在自动加工子菜单下按"F3"键进行程序校验，最后按"循环启动"键模拟运行程序。

2. 单段运行

在单段加工模式下，选择好要单段运行的程序，按"循环启动"键即可单段运行程序。

3. 自动运行

在自动加工模式下，选择好要自动运行的程序，按"循环启动"键即可自动运行程序。

项目二
轴类零件的加工

项目描述

本项目对简单阶梯轴、单槽及多槽轴类零件进行加工，通过学习，应掌握数控系统手工编程方法及标准坐标系的设定原则，能够区别机床坐标系及机床原点、参考坐标系及机床参考点、工件坐标系及编程原点，掌握程序结构及程序中各参数的含义。熟悉数控车床编程指令，学会直径及半径编程方法，会使用绝对坐标及增量坐标进行坐标值确定；掌握数控车床基本加工指令、单一循环指令、复合循环指令的指令格式、作用及参数含义；掌握子程序使用方法。通过加工轴类零件，学会分析工件加工工艺路线，熟练掌握数控车床加工步骤，并能对所加工工件进行检测及评价。

任务一　简单阶梯轴零件的加工

【工作任务】

简单阶梯轴零件如图 1-2-1 所示，利用数控车床进行简单阶梯轴零件加工，要求切断。毛坯为 φ30mm×60mm 的 45 钢。

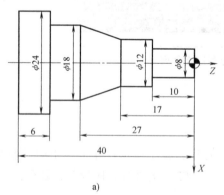
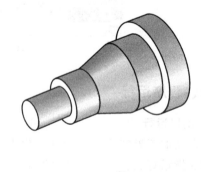

a)　　　　　　　　　　　　　　　　　　b)

图 1-2-1　简单阶梯轴零件
a）平面图　b）三维图

【知识目标】

1. 掌握数控编程内容及方法。
2. 掌握数控程序的构成及各字符的含义。
3. 掌握数控编程各坐标系、坐标轴及相关点的定义。

E1-2-1　阶梯轴
零件加工

4. 掌握直径编程与半径编程的方法。
5. 学会使用绝对坐标及增量坐标进行坐标值确定。
6. 学会利用数控加工基本指令、单一循环指令、复合循环指令进行编程。
7. 学会利用子程序加工多槽类零件。

【能力目标】
1. 能够熟练装夹工件、刀具,灵活使用量具。
2. 能够熟练进行机床基本操作。
3. 学会正确对刀。
4. 学会检测并修正刀具磨损值。
5. 学会制作加工工艺卡。

知识链接

一、数控编程的内容和方法

1. 数控编程的内容

一般来讲,数控编程的主要内容包括分析零件图、工艺处理、数值计算、编写加工程序单、制作控制介质、程序校验和首件试切。

(1) 分析零件图 首先分析零件的材料、形状、尺寸、精度、批量、毛坯形状和热处理要求等,以便确定该零件是否适合在数控机床上加工,以及适合在哪种数控机床上加工,并明确加工的内容和要求。

(2) 工艺处理 在分析零件图的基础上,进行工艺分析,并制订数控加工工艺,合理地选择加工方案,确定加工顺序、加工路线、装夹方式、刀具及切削参数等内容。同时,还要考虑所用数控机床的指令功能,充分发挥机床的效能;尽量缩短加工路线,正确地选择对刀点、换刀点,减少换刀次数,并使数值计算方便;合理选取起刀点、切入点和切入方式,保证切入过程平稳;避免刀具与非加工面的干涉,保证加工过程安全可靠。

(3) 数值计算 根据零件图的几何尺寸、确定的工艺路线及设定的工件坐标系,计算零件粗、精加工的运动轨迹,以得到刀位数据。对于形状比较简单的零件(如由直线和圆弧组成的零件)的轮廓加工,要计算出几何元素的起点、终点、圆弧的圆心、两几何元素的交点或切点的坐标值,如果数控装置无刀具补偿功能,还要计算刀具中心运动轨迹的坐标值。对于形状比较复杂的零件(如由非圆曲线、曲面组成的零件),需要用直线段或圆弧段逼近,根据加工精度的要求计算出节点坐标值。

(4) 编写加工程序单 根据加工路线、切削用量、刀具号码、刀具补偿量、机床辅助动作及刀具运动轨迹,按照数控系统的指令代码和程序段的格式编写零件加工程序单,并校核上述两个步骤的内容,纠正其中的错误。

(5) 制作控制介质 把已经编制好的加工程序单上的内容记录在控制介质上,作为数控装置的输入信息载体,通过手动或通信手段传输到数控系统中。

(6) 程序校验 编写的加工程序单和控制介质,必须经过校验和试切才能正式使用。校验的方法是直接将控制介质上的内容输入到数控系统中,让机床空转,对于有 CRT 图形显示的数控机床,采用模拟刀具与工件切削的方法进行检验更为方便,这样做的目的是检查刀具的运动轨迹是否正确,但这些方法只能检验运动是否正确,而不能检验被加工零件的加工精度。因此,要进行零件的首件试切。

(7) 首件试切　通过首件试切,如果发现有加工误差,应分析误差产生的原因,找出问题所在,并加以修正,直至达到零件图的要求。

2. 数控编程的方法

数控编程一般分为手工编程和自动编程两种。

(1) 手工编程　手工编程就是从分析零件图、确定加工工艺、数值计算、编写零件加工程序单、制作控制介质到程序校验都是人工完成。因此,编程人员不仅要熟悉数控指令及编程规则,而且还要具备数控加工工艺的知识和数值计算能力。对于形状简单、计算量小、程序段数不多的零件加工,采用手工编程容易完成,而且经济及时。在点位加工、直线与圆弧组成的轮廓加工中,手工编程仍广泛应用。

(2) 自动编程　自动编程利用计算机专用软件来编制数控加工程序。编程人员只需根据零件图样的要求,使用数控语言,通过计算机自动进行数值计算及后置处理,编写出零件加工程序单,加工程序通过直接通信的方式送入数控机床,指挥机床工作。自动编程使得一些计算烦琐、手工编程困难或无法编出的程序能够顺利地完成。实现自动编程的常用CAM软件有UG、Pro/E、CAXA、Mastercam等,可以实现多轴联动的自动编程并进行仿真模拟加工。程序编制工作,除了分析零件图和制订工艺方案由人工完成,其余工作由计算机辅助完成的编程称为自动编程或计算机辅助编程。因此,自动编程大大减轻了编程人员的劳动强度,提高了工作效率,同时解决了许多手工编程无法解决的复杂零件编程难题。

二、坐标系的确定

1. 标准坐标系

标准机床坐标系中,X、Y、Z坐标轴的相互位置关系用右手笛卡儿直角坐标系确定,大拇指对应X轴,食指对应Y轴,中指对应Z轴,且手指所指的方向为正方向。绕X轴的旋转轴定义为A轴,绕Y轴的旋转轴定义为B轴,绕Z轴的旋转轴定义为C轴。三个旋转轴的方向,顺着移动轴正方向看,顺时针回转为正,逆时针回转为负;或者用右手握住X、Y或Z轴,大拇指指向各轴正方向,四指弯曲的方向即为对应的A、B、C轴的正方向,如图1-2-2所示。

2. 机床各坐标轴

(1) 确定Z轴　以平行于机床主轴的刀具运动坐标轴为Z轴,即选择速度最快、传递

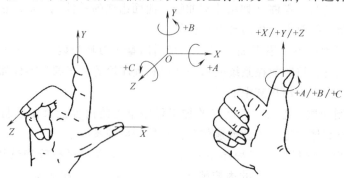

图1-2-2　右手笛卡儿坐标系

功率最大的轴为 Z 轴。若有多根主轴，则可选择垂直于工件装夹表面的主轴为主要主轴，Z 轴则平行于该主轴轴线；若没有主轴，数控机床规定垂直于工件装夹表面的坐标轴为 Z 轴。Z 轴正方向是使刀具远离工件的方向。图 1-2-3 所示数控车床的 Z 轴即与主轴平行。

（2）确定 X 轴　X 轴垂直于 Z 轴并平行于工件的装夹表面，一般在水平面内。确定 X 轴的方向时，要考虑两种情况：

1）如果工件做旋转运动，则刀具离开工件的方向为 X 轴的正方向。

图 1-2-3　数控车床坐标系

2）如果刀具做旋转运动，对于刀具旋转的机床，若 Z 轴水平（如卧式铣床、镗床），则沿刀具主轴尾端向工件方向看，右手平伸方向为 X 轴正向；若 Z 轴垂直（如立式铣床、镗床、钻床），则面对刀具主轴向床身立柱方向看，右手平伸方向为 X 轴正向。

（3）确定 Y 轴　在确定了 X 轴、Z 轴的正方向后，可以根据 X 轴和 Z 轴的方向，通过右手笛卡儿直角坐标系来确定 Y 轴的方向。

例 1-2-1　图 1-2-4 所示为数控立式铣床结构图，确定 X、Y、Z 坐标轴的方法如下：

1）Z 轴：平行于主轴，且刀具离开工件的方向为正。

2）X 轴：与 Z 坐标垂直，因刀具旋转，所以面对刀具主轴向立柱方向看，向右为正。

3）Y 轴：根据已确定的 Z 轴、X 轴，通过右手笛卡儿直角坐标系确定 Y 轴方向，结果如图 1-2-4 所示。

3. 数控机床坐标系、机床原点及机床参考点

机床原点为机床上的一个固定点。这个点是由生产厂家对机床进行设计、制造和调整后确定下来的，用户不能随意改变。以机床原点为坐标原点建立起来的 X、Y、Z 轴直角坐标系，称为机床坐标系。机床坐标系是确定工件位置和机床运动的基本坐标系，是机床固有的坐标系。不同数

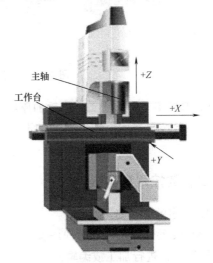

图 1-2-4　数控立式铣床坐标系

控机床坐标系的原点不同。数控车床一般将机床原点定义在卡盘后端面与主轴旋转中心轴线的交点上，如图 1-2-5 所示的 M。

机床参考点是对机床工作台、滑板与刀具相对运动的测量系统进行标定和控制的点，是机床坐标系中一个固定不变的位置点，如图 1-2-5 所示的 R。机床参考点已由机床制造厂测定后输入数控系统，用户不得更改。为了正确地在机床工作时建立机床坐标系，通常在每个坐标轴的移动范围内设置一个机床参考点（测量起点），机床接通电源后，通常都要做回零操作，使刀具或工作台退到机床参考点位置，以建立机床坐标系。

4. 工件坐标系及工件原点

零件图给出以后，首先应找出图上的设计基准点，其他各项尺寸均以此点为基准进行标注，该基准点称为工件原点。工件原点的位置是人为设定的，它是由编程人员在编制程序时根据工件特点选定的，所以也称编程原点。以工件原点为坐标原点建立的 X、Y、Z 轴直角坐标系，称为工件坐标系。

在通常情况下，用机床原点计算被加工工件上各点的坐标并进行编程不是很方便，因此在编写零件加工程序时，常常要选择工件坐标系（或称编程坐标系）进行计算。数控车床的工件坐标系原点常选在零件轮廓右端面或左端面的主轴线上，如图1-2-5所示的 W。

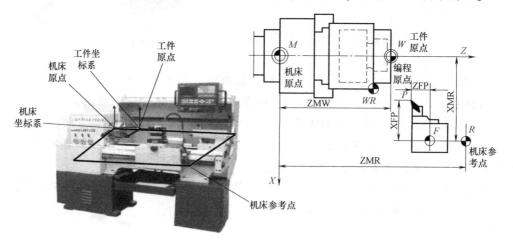

图 1-2-5 数控车床坐标系及坐标点位置

5. 刀具相对于静止工件运动的原则

由于数控机床的结构不同，有的是刀具运动，工件固定；有的是刀具固定，工件运动。为了使编程方便，在编程过程中一律规定以工件为基准，假定工件不动，刀具运动。

三、数控程序构成

1. 程序的文件名

CNC装置可以装入许多程序文件，以磁盘文件的方式读写。数控系统通过调用文件名来调用程序，进行加工或编辑。

（1）文件名命名　例如"OXXXX"，其中"XXXX"代表文件名，可以由26个英文字母和数字组成，字母大小写均可。

（2）文件名命名注意事项　在数控系统中新建的程序名最多为7个字符，系统也可以读取程序名大于7个字符的文件（外部创建的程序）。另外，CNC系统保留如下文件名：USERDEF.CYC、MILLING.CYC、TURNING.CYC，这些文件名不能用来定义程序文件名。

2. 程序的结构组成

一个完整的数控加工程序由程序名、程序主体和程序结束指令三部分组成。

（1）程序名　程序名是一个程序必需的标识符，其组成由地址符及后带的若干位数字组成。例如，HNC-21T系统地址符为"%"，日本FANUC系统地址符为"O"；后面所带的数字一般为 1~4 位正整数，如%2000、01000 等。

(2) 程序主体　程序主体表示数控加工要完成的全部动作，是整个程序的核心，由许多程序段组成，每个程序段由一个或多个指令构成，一般每个程序段占一行。

(3) 程序结束指令　程序结束指令 M02 或 M30 可以结束整个程序的运行，一般要求单列一段。一般格式加工程序的举例如下：

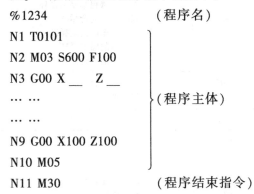

```
%1234                    （程序名）
N1  T0101
N2  M03 S600 F100
N3  G00 X__ Z__
…  …                    （程序主体）
…  …
N9  G00 X100 Z100
N10 M05
N11 M30                  （程序结束指令）
```

3. 程序段的格式

一个程序段定义一个将由数控装置执行的指令行。程序段的格式定义了每个功能字的句法，如图 1-2-6 所示。

(1) 程序段号　程序段号又称顺序号或程序段序号。程序段号位于程序段之首，由程序段号字 N 和后续数字组成。程序段号字 N 是地址符，后续数字一般为 1~4 位正整数。数控加工中的程序段号实际上是程序段的名称，与程序执行的先后次序无关。数控系统不是按

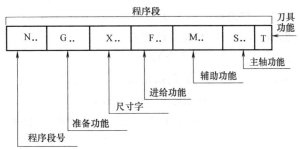

图 1-2-6　程序段格式

顺序号的次序执行程序，而是按照程序段编写时的排列顺序逐段执行。

书写程序段号的目的是在程序校对和检索修改时，程序段号可以作为条件转向的目标，即作为转向目的程序段的名称。有程序段号的程序段可以进行重复操作，加工可以从程序的中间开始或回到程序中断处开始。

编程时，一般将第一程序段名命为 N10，之后以间隔 10 递增的方法设置顺序号，在调试程序时，如果需要在 N10 和 N20 之间插入程序段，就可以使用 N11、N12 等程序段号。

(2) 准备功能　准备功能 G 指令由字母 G 和其后的一位或两位数字组成，它用来规定刀具和工件的相对运动轨迹、机床坐标系、刀具补偿等多种加工操作功能。HNC-21T 数控车床系统准备功能 G 指令见表 1-2-1。

(3) 尺寸字　尺寸字用来确定刀具移动目标点的坐标值，坐标尺寸字格式为 X__ Y__ Z__。

(4) 进给功能　进给功能 F 指令表示工件被加工时刀具相对于工件的合成进给速度，F 指令用于控制切削进给量，在程序中有两种使用方法。

1) 每转进给量指令 G95。

表 1-2-1 准备功能列表

G 代码	组	功能	G 代码	组	功能
G00 G01 G02 G03	01	快速定位 直线插补 顺时针圆弧插补 逆时针圆弧插补	G54~G59	11	坐标系选择
			G71 G72 G73 G76 G80 G81 G82	06	内外径粗车复合循环 端面车削复合循环 固定形状粗车复合循环 螺纹车削复合循环 内外径车削固定循环 端面车削固定循环 螺纹车削固定循环
G04	00	暂停			
G20 G21	08	英寸输入 毫米输入			
G28 G29	00	自动返回参考点 自动从参考点返回	G90 G91	13	绝对坐标编程 相对坐标编程
G32	01	螺纹切削	G92	00	工件坐标系设定
G36 G37	17	直径编程 半径编程	G94 G95	14	每分钟进给 每转进给
G40 G41 G42	09	取消刀尖半径补偿 左刀补 右刀补	G96 G97	16	恒线速度切削 恒转速切削

格式：G95 F＿，F 后面的数值表示主轴每转的切削进给量或切削螺纹时的螺距，在数控车床上这种进给控制方法使用较多，单位为 mm/r。

例如，G95 F0.5 表示每转进给量为 0.5mm。

2) 每分钟进给量指令 G94。

格式：G94 F＿，F 后面的数值表示每分钟进给量，单位为 mm/min。

例如，G94 F100 表示每分钟进给量为 100mm。

在 G01、G02 或 G03 工作方式下，编程的 F 指令一直有效，直到被新的 F 值所取代；而在 G00 工作方式下，快速定位的速度是各轴的最高速度，与所编 F 指令无关。

(5) 辅助功能 辅助功能 M 指令由地址字 M 及其后的数字组成，主要用于控制加工程序的走向、机床各种辅助开关动作，以及指定主轴起动、主轴停止、程序结束等辅助功能。

辅助功能 M 有非模态 M 功能和模态 M 功能两种形式。其中，非模态 M 功能为当段有效代码，只在书写了该代码的程序中有效；而模态 M 功能为续效代码，一组可相互注销，该功能在被同一组的另一个功能注销前一直有效。模态 M 功能组中包含一个默认功能 M 代码及功能，系统上电时，M 代码及其功能将被初始化为该功能。

另外，M 功能还可分为前作用 M 功能和后作用 M 功能两类。前作用 M 功能在程序段编制的轴运动之前执行；后作用 M 功能在程序段编制的轴运动之后执行。CNC 系统内定的辅助功能 M 指令见表 1-2-2。

表 1-2-2 常用 M 指令功能

指令	功能	说明	备注
M00	程序暂停	执行后,机床所有动作均被切断,按"循环启动"按键后再继续执行后面程序段(非模态后作用)	
M01	选择暂停	执行过程与 M00 相同,但需要激活机床操作面板上的"选择停"按键(非模态后作用)	
M03	主轴正转	模态前作用	

(续)

指令	功能	说明	备注
M04	主轴反转	模态前作用	
M05	主轴停	模态后作用	
M07	吹屑开	模态前作用	或冷却
M08	切削液开	模态前作用	
M09	切削液关	切削液和冷却开关全部关闭(模态后作用)	
M64	工件计数	执行时每次计一件,在"诊断"→"加工信息"界面清除计件	
M30	程序结束	切断机床所有动作,并使程序复位	
M98	子程序调用	其后由地址字 P 指定子程序号,地址字 L 指定调用次数	
M99	子程序结束	子程序结束并返回到主程序 M98 所在程序段的下一行	

(6) 主轴功能 主轴功能 S 控制主轴转速,其后的数值表示主轴速度,单位为 r/min。S 是模态指令,只在主轴速度可调节时有效。

1) 恒线速度控制指令 G96。

格式:G96 S__。S 后面的数值表示恒定的线速度,单位为 m/min。

例如,G96 S150 表示控制主轴转速,使切削点的线速度始终保持在 150m/min。

2) 恒线速度取消指令 G97。

格式:G97 S__。S 后面的数值表示恒线速度控制取消后的主轴转速,单位为 r/min。由 G96 转为 G97 时,应对 S 指令赋值,若 S 未指定,将保留 G96 指令的最终值;由 G97 转为 G96 时,若没有 S 指令,则按前一个 G96 指令所赋 S 值进行恒线速度控制。

(7) 刀具功能 刀具功能 T 指令用于选刀,其后的数值表示选择的刀具号,T 指令与刀具的关系是由机床制造厂规定的。

格式:T__。T 后面有四位数值,前两位是刀具号,后两位是刀具长度补偿号兼刀尖圆弧半径补偿号。

例如,T0505 表示 5 号刀及 5 号刀具长度补偿和刀尖圆弧半径补偿值;T0500 表示取消刀具补偿。

当一个程序段同时包含 T 指令与刀具移动指令时,先执行 T 指令,而后执行刀具移动指令。T 指令同时调入刀补寄存器中的补偿值。

四、常用数控指令

1. 单位设定指令

尺寸单位设定指令为 G20、G21。

1) 编程格式:G20、G21。
2) 作用:用来设定输入尺寸的单位。
3) 说明:

① G20 指定英制输入方式,在该方式下输入的线性尺寸单位是 in。
② G21 指定公制输入方式,在该方式下输入的线性尺寸单位是 mm。
③ G20、G21 为模态指令,可以互相注销,G21 为默认值。

2. 回参考点控制指令

(1) 自动返回参考点指令 G28

1）编程格式：G28 X(U)__Z(W)__。

2）作用：使刀具从当前位置经中间点自动返回到参考点。

3）参数含义：

X__Z__设定中间点在工件坐标系中的绝对坐标值。

U__W__设定中间点相对于起点的坐标增量。

4）说明：

① G28 指令的运动轨迹是刀具从当前点 A 经过中间点 B 自动返回参考点 C，如图 1-2-7 所示。中间点到参考点的方向应与机床操作模式中"回参考点"操作中设定的方向一致。

② 如图 1-2-7 所示，刀具从当前点 A 经过中间点 B 返回参考点 C 的指令可以用 G28 X100 Z80 表示。

③ G28 指令常用于自动换刀或者消除机械误差，在执行该指令之前应取消刀具半径补偿和刀具长度补偿。

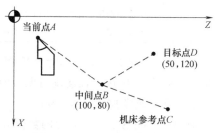

图 1-2-7 G28、G29 指令编程

④ 执行 G28 指令时，不仅产生坐标轴移动，还记忆中间点的坐标值，以供 G29 指令使用。

（2）自动从参考点返回指令 G29

1）编程格式：G29 X(U)__Z(W)__。

2）作用：使刀具从参考点，快速经过由 G28 指令定义的中间点，最后到达目标点。

3）参数含义：

X__Z__设定目标点在工件坐标系中的绝对坐标值。

U__W__设定目标点相对于中间点的坐标增量。

4）说明：

① 使用 G29 指令之前，必须先使用 G28 指令，否则 G29 指令会因不确定中间点的位置而发生错误。

② 如图 1-2-7 所示，刀具从参考点 C 经过中间点 B 移动到目标点 D 的指令可以用 G29 X50 Z120 表示。

3. 编程方式指令

（1）直径方式编程指令 G36、半径方式编程指令 G37

1）编程格式：G36、G37。

2）作用：用于指定编程时 X 坐标取直径值还是半径值。

3）说明：

① G36 用于指定编程时 X 坐标值取直径值。

② G37 用于指定编程时 X 坐标值取半径值。

③ G36、G37 为模态指令，可以互相注销，G36 为默认值。

例 1-2-2 如图 1-2-8 所示，分别使用 G36、G37 指令编程，令刀具从点 1 位置按顺序移动到点 4 位置，然后再回到点 1。

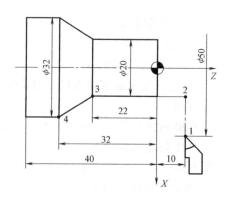

图 1-2-8 G36、G37 指令编程

G36 指令编程：
N01 G36 G00 X20 Z10　　　（从点 1 移动到点 2）
N03 G01 X20 Z-22 F80　　　（从点 2 移动到点 3）
N05 G01 X32 Z-32　　　　　（从点 3 移动到点 4）
N07 G00 X50 Z10　　　　　 （从点 4 移动到点 1）

G37 指令编程：
N01 G37　　　　　　　　　 （指定半径编程方式）
N03 G00 X10 Z10　　　　　　（从点 1 移动到点 2）
N05 G01 X10 Z-22 F80　　　 （从点 2 移动到点 3）
N07 G01 X16 Z-32　　　　　 （从点 3 移动到点 4）
N09 G00 X25 Z10　　　　　　（从点 4 移动到点 1）

（2）绝对坐标编程指令 G90、相对坐标编程指令 G91

1）编程格式：G90、G91。

2）作用：用来设定输入坐标尺寸的参照点。

3）说明：

① G90 表示采用绝对坐标编程方式，即编程时输入的点的坐标值是相对于工件坐标系原点的变化量。

② G91 表示采用相对坐标编程方式，即编程时输入的点的坐标值是相对于前一点坐标的变化量。

③ G90、G91 为模态指令，可以互相注销，G90 为默认值。

④ G90 指令后的 X、Z 参数表示绝对坐标值，G91 指令后的 X、Z 参数表示相对坐标值。

⑤ 不使用 G90、G91 时，X、Z 代表绝对坐标编程方式，U、W 代表相对坐标编程方式。

例 1-2-3　如图 1-2-8 所示，分别使用 G90、G91 指令编程，令刀具从点 1 位置按顺序移动到点 4 位置，然后再回到点 1。

G90 指令编程：
N01 G90 G00 X20 Z10　　　（从点 1 移动到点 2）
N03 G01 X20 Z-22 F80　　　（从点 2 移动到点 3）
N05 G01 X32 Z-32　　　　　（从点 3 移动到点 4）
N07 G00 X50 Z10　　　　　 （从点 4 移动到点 1）

G91 指令编程：
N01 G91 G00 X-30 Z0　　　 （从点 1 移动到点 2）
N03 G01 X0 Z-32 F80　　　　（从点 2 移动到点 3）
N05 G01 X12 Z-10　　　　　 （从点 3 移动到点 4）
N07 G00 X18 Z42　　　　　　（从点 4 移动到点 1）

4. 基本加工指令

（1）快速定位指令 G00

1）编程格式：G00 X(U)__ Z(W)__。

2）作用：命令刀具以点定位的控制方式从刀具所在点快速移动到终点，运动过程中不进行切削加工。

3）参数含义：

X__Z__设定以绝对编程方式表示刀具快速移动所到达的终点坐标，即刀具运动终点在工件坐标系中的坐标值。

U__W__设定以增量编程方式表示刀具快速移动所到达的终点坐标，即刀具运动终点相对于刀具运动起点在 X 轴、Z 轴方向的增量值。

4）说明：

① G00 指令的执行过程：刀具由运动起点加速到最大速度，然后快速移动，最后减速移动到终点，从而实现快速点定位。

② G00 指令执行时，刀具的移动速度不用程序指令 F 设定。

③ 刀具的实际运动路线不一定是直线，也可能是折线。如图 1-2-9 所示，刀具从点 O 快速定位至点 B 指令为：G00 X_B Y_B，刀具的实际运动轨迹是 $O→A→B$。这与机床设定的各轴最大的进给速度及实际位移有关，因此在使用时要特别注意刀具是否会和工件发生干涉。

④ G00 指令一般用于加工前的快速定位或加工后的快速退刀，移动速度可通过操作面板上的快速修调按钮修正。

例 1-2-4 如图 1-2-10 所示，用 G00 指令编写刀具从点 A 移动到点 B 的程序。

首先确定刀具运动轨迹上各关键点的坐标：A（36，20），B（16，3），刀具从点 A 移动到点 B 可编制的程序如下。

1）绝对坐标编程：G00 X16 Z3。

2）增量坐标编程：G00 U-20 W-17。

3）混合坐标编程：G00 X16 W-17 或 G00 U-20 Z3。

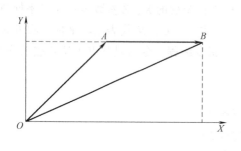

图 1-2-9　G00 指令刀具运动轨迹　　　图 1-2-10　G00 指令编程

(2) 直线插补指令 (G01)

1）编程格式：G01　X(U)__Z(W)__F__。

2）作用：使刀具以插补联动的方式按照指定的进给速度 F 从起点运动到终点，从而实现两点之间的直线运动，运动过程中可以进行切削加工。

3）参数含义：

X__Z__设定以绝对编程方式表示刀具直线插补所到达的终点坐标，即刀具以进给速度 F 做直线插补运动的终点在工件坐标系中的坐标值。

U__W__设定以增量编程方式表示刀具直线插补所到达的终点坐标，即刀具做直线插补运动的终点相对于刀具运动起点在 X 轴、Z 轴方向的增量值。

F__设定刀具做直线插补运动时的进给速度，若在前面已经指定，可以省略。

4) 说明:

① F 设定每分钟进给量(单位为 mm/min)或每转进给量(单位为 mm/r),具体取决于单位设定指令 G94、G95。

② G01 指令必须指定进给速度。

③ G01 指令执行时,刀具合成运动的移动速度与指令 F 设定的速度一致。

例 1-2-5 如图 1-2-11 所示,使用 G01 指令编写刀具从点 A 移动到点 C 的程序,要求刀具的运动轨迹为 A→B→C。

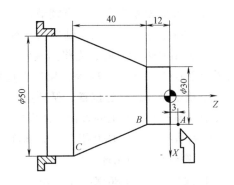

图 1-2-11 G01 直线插补指令编程

首先确定刀具运动轨迹上各关键点的坐标:A(30,3),B(30,-12),C(50,-52),刀具从点 A 移动到点 C 可编制的程序如下:

1) 绝对坐标编程

G01 Z-12 F100　　　(A→B,切削 φ30mm 外圆)
G01 X50 Z-52　　　(B→C,切削圆锥部分)

2) 增量坐标编程

G01 W-15 F100　　　(A→B,切削 φ30mm 外圆)
G01 U20 W-40　　　(B→C,切削圆锥部分)

3) 混合坐标编程

G01 Z-12 F100　　　(A→B,切削 φ30mm 外圆)
G01 X50 W-40　　　(B→C,切削圆锥部分)

E1-2-2 G01 走刀路线

5. 单一固定循环指令

(1) 内、外径切削循环指令 G80

1) 圆柱面切削循环。

① 编程格式:G80 X(U)__ Z(W)__ F__。

② 作用:刀具进行内、外圆柱面(I=0)的加工。

③ 走刀路线:如图 1-2-12 所示,刀具从循环起点 A 出发,以快进方式运动至切削起点 B,再以 F 指定的进给速度水平切削至切削终点 C,然后以相同的速度退刀至退刀点 D,最后再以快进方式返回至循环起点 A。

④ 参数含义:

X__ Z__ 设定以绝对编程方式表示切削终点的坐标。

U__ W__ 设定以增量编程方式表示切削终点相对于循环起点的增量坐标值。

F 设定切削加工时的进给速度。

⑤ 说明:

a. 对于圆柱面的加工,由于切削起点与切削终点之间的半径差为 0,所以 I 省略不写。

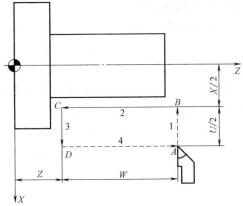

图 1-2-12 圆柱面切削循环指令编程

b. G80 为模态指令，具有续效性。

c. G80 指令适用于加工轴向尺寸远大于径向尺寸的零件。

d. 使用 G80 指令时，先将刀具定位到循环起点，然后再使用固定循环指令。其他固定循环指令 G81、G82、G71 等，用法也是如此。

e. 确定循环起点的位置。循环起点一般选择在工件准备加工位置的附近，即 X 方向尺寸大于或等于准备加工的直径，Z 方向尺寸大于或等于工件右端面的尺寸。

f. 每执行完一个 G80 指令，刀具都会返回至循环起点，等待执行下面程序段的指令。

2）圆锥面切削循环。

① 编程格式：G80 X(U)__ Z(W)__ I __ F __。

② 作用：刀具进行圆锥面（I≠0）的加工。

③ 走刀路线：如图 1-2-13 所示，刀具从循环起点 A 出发，以快进方式运动至切削起点 B，再以 F 指定的进给速度沿平行于锥面的路线加工至切削终点 C，然后以相同的速度退刀至退刀点 D，最后再以快进方式返回至循环起点 A。

④ 参数含义：

X __ Z __ 设定以绝对编程方式表示切削终点的坐标。

U __ W __ 设定以增量编程方式表示切削终点相对于循环起点的增量坐标值。

I __ 设定切削起点相对于切削终点的半径差。图 1-2-13 中为 $(X_B - X_C)/2$。

F __ 设定切削加工时的进给速度。

⑤ 说明：

a. 确定循环起点的位置。循环起点 X 方向尺寸大于或等于锥度大端的直径尺寸，Z 方向尺寸大于或等于锥度小端的右端面尺寸。

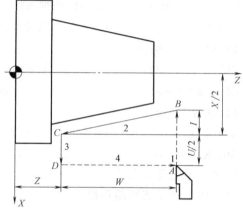

图 1-2-13 圆锥面切削循环指令编程

b. 每执行完一个 G80 指令，刀具都会返回至循环起点，等待执行下面程序段的指令。

（2）端面切削循环指令 G81

1）垂直端面切削循环。

① 编程格式：G81 X(U)__ Z(W)__ F __。

② 作用：刀具进行垂直于端面（K = 0）的加工。

③ 走刀路线：如图 1-2-14 所示，刀具从循环起点 A 出发，以快进方式运动到切削起点 B，再以进给速度垂直切削至切削终点 C，然后以相同的速度退刀至退刀点 D，最后再以快进方式返回至循环起点 A。

④ 参数含义：

X __ Z __ 设定以绝对编程方式表示切削终点的坐标。

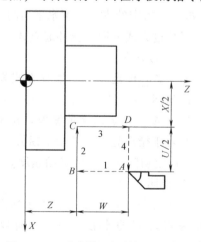

图 1-2-14 垂直端面切削循环指令编程

U＿＿ W＿＿设定以增量编程方式表示切削终点相对于循环起点的增量坐标值。

F 设定切削加工时的进给速度。

⑤ 说明：

a. G81 为模态指令，具有续效性。

b. G81 指令适用于加工轴向尺寸短、径向尺寸大的零件。

c. 确定循环起点的位置。循环起点一般选择在工件准备加工位置的附近，即 X 方向尺寸大于或等于准备加工的直径，Z 方向尺寸大于或等于工件右端面的尺寸。

d. 对于垂直端面的加工，由于切削起点与切削终点的 Z 坐标相同，即 K 为 0，所以 K 省略不写。

e. 每执行完一个 G81 指令，刀具都会返回至循环起点，等待执行下面程序段的指令。

2) 锥形端面切削循环。

① 编程格式：G81 X(U)＿＿ Z(W)＿＿ K＿＿ F＿＿。

② 作用：刀具进行垂直于带锥度端面（K≠0）的加工。

③ 走刀路线：如图 1-2-15 所示，刀具从循环起点 A 出发，以快进方式运动到切削起点 B，再以 F 指定的进给速度沿平行于锥面的路线切削至切削终点 C，然后以相同的速度退刀至退刀点 D，最后再以快进方式返回至循环起点 A。

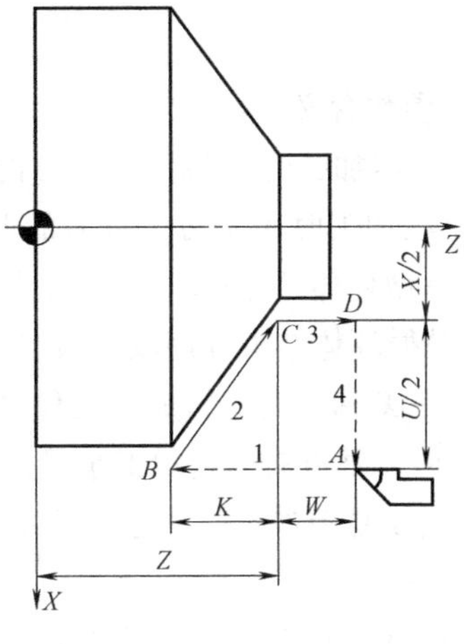

④ 参数含义：

X＿＿ Z＿＿设定以绝对编程方式表示切削终点的坐标。

U＿＿ W＿＿设定以增量编程方式表示切削终点相对于循环起点的增量坐标值。

K＿＿设定切削起点相对于切削终点在 Z 方向上的移动距离。图 1-2-15 中为 Z_B-Z_C。

F＿＿设定切削加工时的进给速度。

⑤ 说明：

a. 确定循环起点的位置。X 方向尺寸大于或等于锥度大端的直径，Z 方向尺寸大于或等于锥度小端右端面的尺寸。

b. 每执行完一个 G81 指令，刀具都会返回至循环起点，等待执行下面程序段的指令。

图 1-2-15 锥形端面切削循环指令编程

6. 复合固定循环指令

复合固定循环可以依据零件的精加工程序，完成从粗加工到精加工的全过程，从而使程序得到进一步简化。运用复合固定循环指令，只需指定精加工路线和粗加工的背吃刀量，系统会自动计算粗加工路线和走刀次数。

(1) 内、外径粗车复合循环指令 G71

1) 编程格式：

G00 X Z　　　　　　　　　　（定位至循环起点）

G71 U(Δd) R(r) P(ns) Q(nf) X(Δx) Z(Δz) F(f) S(s) T(t)

N(ns) F′S′T′

……　　　　　　　　　　　　（精加工程序内容）

N(nf)……

2）作用：用于内、外圆柱面需多次走刀才能完成的粗加工，刀具运动轨迹如图 1-2-16 所示。

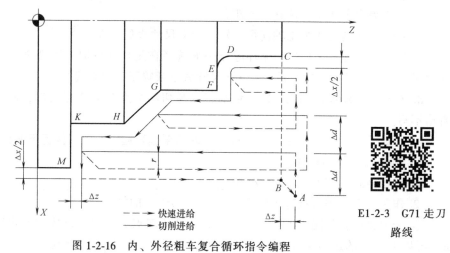

图 1-2-16 内、外径粗车复合循环指令编程

E1-2-3 G71 走刀路线

3）参数含义：

Δd 是粗加工时 X 轴方向每刀的背吃刀量（半径值）。

r 是粗加工时 X 轴方向每刀的退刀量（半径值）。

ns 是循环体开始程序段的段号。

nf 是循环体结束程序段的段号。

Δx 是 X 轴方向的精加工余量（直径值）。

Δz 是 Z 轴方向的精加工余量。

f、s、t 是粗加工时的进给速度、主轴转速、所用刀具。

4）说明：

① 循环体程序 $ns \rightarrow nf$ 是粗车循环的依据，因此，G71 指令中的参数 P、Q 必不可少，而且 ns、nf 必须与循环体的起、止程序段段号相对应，否则粗车循环不能执行。

② $ns \rightarrow nf$ 程序段中所指定的 F′、S′、T′ 是精车时所用的参数，对粗车循环无效。

③ $ns \rightarrow nf$ 程序段中，不应包含子程序。

④ Δx、Δz 为精车余量，有正负之分，具体取值如图 1-2-17 所示。

⑤ 粗车循环中最后一步是根据指令中设定的精车余量完成一次车削成形。

⑥ 在华中数控系统中使用 G71 指令，先利用 G71 指令完成零件的粗加工，然后利用 $ns \rightarrow nf$ 程序段完成零件的精加工。在 FANUC 数控系统中，G71 指令需要与 G70 精车循环指令配合使用。

（2）端面粗车复合循环指令 G72

1）编程格式：

G00 X Z　　　　　　　　　　　　（定位至循环起点）

G72 W(Δd) R(r) P(ns) Q(nf) X(Δx) Z(Δz) F(f) S(s) T(t)

N(ns)……

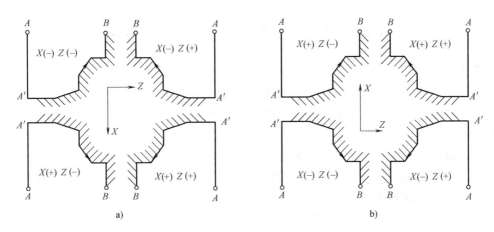

图 1-2-17　G71 指令精车余量符号
a）前置刀架　b）后置刀架

……　　　　　　（精加工程序内容）

N（nf）……

2）作用：用于 Z 向余量小、X 向余量大的棒料毛坯端面的粗车循环，刀具运动轨迹如图 1-2-18 所示。

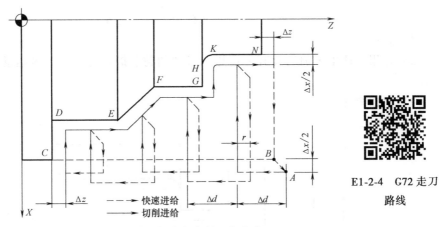

E1-2-4　G72 走刀路线

图 1-2-18　端面粗车复合循环指令编程

3）参数含义：

Δd 是粗加工时 Z 轴方向每刀的背吃刀量。

r 是粗加工时 Z 轴方向每刀的退刀量。

ns 是循环体开始程序段的段号。

nf 是循环体结束程序段的段号。

Δx 是 X 轴方向的精加工余量（直径值）。

Δz 是 Z 轴方向的精加工余量。

f、s、t 是粗加工时的进给速度、主轴转速、所用刀具。

其他参数的含义与 G71 指令相同。

4) 说明：

G72 指令与 G71 指令的使用方法基本相同，两者的区别在于进刀方向与切削方向是否相反。

5) G71、G72 指令应用注意事项：

① G71、G72 指令必须带有 P、Q 参数，否则不能进行循环加工。

② 粗加工循环时，处于 $ns→nf$ 程序段之间的 F、S、T 定义指令均无效，G71、G72 指令中定义的 F、S、T 有效。

③ 在段号为 ns 的程序段中，必须使用 G00 或 G01 指令。

④ 在段号为 ns、nf 的程序段中，G71 必须有 X 向移动量，G72 必须有 Z 向移动量。

⑤ 处于 $ns→nf$ 程序段之间的精加工程序不应包含子程序。

⑥ 循环起点 X 值必须大于轮廓最大 X 值。

⑦ 刀具运动轨迹 Z 向必须单调递增或递减。

⑧ 复合循环可以加入刀具补偿，$ns→nf$ 之间程序段使用刀具补偿后，结尾必须取消补偿。

(3) 固定形状粗车复合循环指令 G73

1) 编程格式：

G00 X Z　　　　　　　　　　　（定位至循环起点 A）
G73 U(Δi) W(Δk) R(r) P(ns) Q(nf) X(Δx) Z(Δz) F(f) S(s) T(t)
N(ns)……
……　　　　　　　　　　　　（精加工程序内容）
N(nf)……

2) 作用：适用于加工具有一定轮廓形状的铸、锻件毛坯，刀具运动轨迹如图 1-2-19 所示。

3) 参数含义：

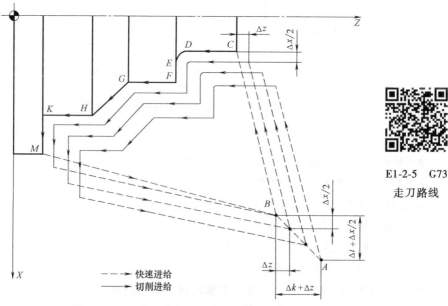

E1-2-5　G73 走刀路线

图 1-2-19　固定形状粗车复合循环指令编程

Δi 是 X 轴方向的粗加工总余量。

Δk 是 Z 轴方向的粗加工总余量。

r 是粗切削次数。

ns 是循环体开始程序段的段号。

nf 是循环体结束程序段的段号。

Δx 是 X 轴方向的精加工余量（直径值）。

Δz 是 Z 轴方向的精加工余量。

f、s、t 是粗加工时的进给速度、主轴转速、所用刀具。

4）说明：

由于 G73 指令设定了粗加工的总切削量 Δi、Δk，以及粗加工的次数 r，则 X 轴、Z 轴方向每次切削量分别为 $\Delta i/r$、$\Delta k/r$。

任务实施

一、加工准备

1. 机床选择

采用装有华中数控系统的数控车床。

2. 工具、量具及毛坯

完成本任务零件加工所需要的工具、刀具、量具及毛坯清单见表 1-2-3。

表 1-2-3　工具、刀具、量具及毛坯清单

序号	名　称	规　格	数　量	备　注
1	游标卡尺	0~150mm/0.02mm	1 把	
2	外径千分尺	0~25mm/0.01mm	1 把	
3	外圆车刀	93°	1 把	
4	切断刀	刀宽 4mm	1 把	
5	工具	刀架扳手、卡盘扳手	各 1 副	
6	毛坯	材料为 45 钢，尺寸为 $\phi30mm \times 60mm$	1 根	
7	其他辅具	铜棒、铜皮、毛刷；计算器；相关指导书等	1 套	选用

3. 工艺分析

该零件为单件生产，右端面在手动对刀时手动完成加工。如图 1-2-1 所示，根据零件形状，采用 G71 粗车复合循环指令切削加工外圆部分，所用刀具设为 T01 外圆车刀，其加工路线为：切削 $\phi8mm$ 外圆→切削 $\phi12mm$ 外圆→切削圆锥→切削 $\phi18mm$ 外圆→切削 $\phi24mm$ 外圆；所留精车余量为 X 方向 0.4mm、Z 方向 0.1mm。综上，简单阶梯轴零件数控加工工序卡见表 1-2-4。

二、数控程序编制

任务要求切断，在编写 $\phi24mm$ 外圆的加工程序时应该考虑切断工序，因此其轴向加工尺寸不是"Z-40"，尺寸数值应比 40 大，具体数值取决于切断刀的刀宽。本任务中的切断刀刀宽为 4mm，所以 $\phi24mm$ 外圆的轴向加工尺寸应为"Z-44"。

表 1-2-4 简单阶梯轴零件数控加工工序卡

数控加工工序卡		零件图号	零件名称		材料	设备	
		—	简单阶梯轴		45钢	数控车床	
工步号	工步内容	刀具号	刀具名称	刀具规格	主轴转速/(r/min)	进给速度/(mm/min)	备注
1	粗车外轮廓面	T01	外圆车刀	93°	500	150	
2	精车外轮廓面	T01	外圆车刀	93°	1000	100	
3	切断	T02	切断刀	4mm	400	40	手动

简单阶梯轴零件的数控加工程序为：

%0001   （程序名）
N10 T0101   （选择1号外圆粗车刀、1号刀补，设立工件坐标系）
N20 M03 S500 F150   （主轴正转，粗车主轴转速为500r/min、进给速度为150mm/min）
N30 G00 X25 Z3   （定位至准备加工点）
N40 G71 U1 R1 P50 Q140 X0.4 Z0.1   （利用G71指令进行粗加工）
                                     （换1号外圆精车刀、1号刀补，设立工件坐标系）
N50 S1000 F100   （精车主轴转速为1000r/min、进给速度为100mm/min）
N60 G00 X8   （下刀）
N70 G01 Z-10   （切削φ8mm圆柱外圆）
N80 X12   （切削φ12mm圆柱端面）
N90 Z-17   （切削φ12mm圆柱外圆）
N100 X18 Z-27   （切削圆锥部分）
N110 Z-34   （切削φ18mm圆柱外圆）
N120 X24   （切削φ24mm圆柱端面）
N130 Z-44   （切削φ24mm圆柱外圆）
N140 X28   （退刀）
N150 G00 X100 Z100   （返回程序起点）
N160 M05   （主轴停转）
N170 M30   （程序结束并复位）

三、零件加工

1. 零件加工步骤

1）按照工具、刀具、量具及毛坯清单领取相应的工具、刀具、量具及毛坯。

2）开机上电，包括机床电源及操作面板电源。

3）复位并返回机床参考点。

4）装夹工件毛坯。

5）装夹刀具并找正。

6）对刀，建立工件坐标系。

E1-2-6 简单阶梯轴零件加工

7）输入程序。
8）校验程序。
9）加工零件。
10）测量零件。
11）校正刀具磨损值。
12）零件加工合格后，对机床进行相应的清理及保养。
13）按照工具、刀具、量具清单归还相应的工具、刀具、量具。
14）填写工作日志并关闭操作面板及机床电源。

2. 零件加工注意事项

1）一定要严格按照以上步骤进行操作。
2）切记先对刀，而后输入程序再进行程序校验。
3）运行程序时先用单段方式进行，起刀点或循环起点无误的情况下方可切换到自动运行模式。
4）在加工过程中注意将防护罩关闭。
5）出现紧急情况马上按下急停按钮。
6）注意进给倍率的控制。

四、检查评价

加工完成后，对零件进行去毛刺和尺寸检测，简单阶梯轴零件加工检测评分表见表1-2-5。

表1-2-5 简单阶梯轴零件加工检测评分表

评价项目	序号	技术要求	配分	评分标准	得分
程序与工艺(15%)	1	程序正确完整	5	不规范处每处扣1分	
	2	切削用量合理	5	不合理处每处扣1分	
	3	工艺过程规范合理	5	不合理处每处扣1分	
机床操作(15%)	4	刀具选择及安装正确	5	不正确处每处扣1分	
	5	机床操作规范	5	不规范处每处扣1分	
	6	对刀及工件坐标系设定正确	5	不正确处每处扣1分	
零件质量(45%)	7	零件形状正确	30	不合理处每处扣2分	
	8	尺寸精度符合要求	8	不正确处每处扣1分	
	9	无毛刺	7	出错全扣	
文明生产(15%)	10	安全操作	5	不合格不得分	
	11	机床维护与保养	5	不合格不得分	
	12	工作场所整理	5	不合格不得分	
相关知识及职业能力(10%)	13	数控加工机床知识	2	酌情给分	
	14	自学能力	2	酌情给分	
	15	表达及沟通能力	2	酌情给分	
	16	合作能力	2	酌情给分	
	17	创新能力	2	酌情给分	

拓展训练

任务一　数控车削简单阶梯轴零件

任务单见附录表 A-1。

任务二　槽类零件的加工

【工作任务 1】　单槽类零件的加工

单槽零件如图 1-2-20 所示，用数控车床进行切槽加工，不要求切断。毛坯为 φ30mm×30mm 的 45 钢。

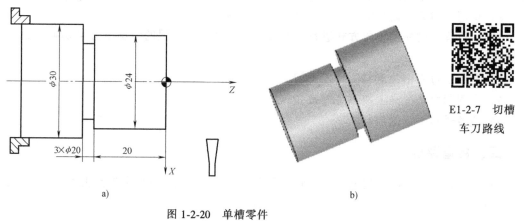

图 1-2-20　单槽零件
a) 平面图　b) 三维图

E1-2-7　切槽车刀路线

【工作任务 2】　多槽类零件的加工

多槽零件如图 1-2-21 所示，利用数控车床进行切槽加工，并要求切断。毛坯为 φ45mm×75mm 的 45 钢。具体加工内容如下：

采用外圆车刀（设为 1 号刀）切削 φ40mm 和 φ34mm 外圆。采用切槽刀（设为 2 号刀）

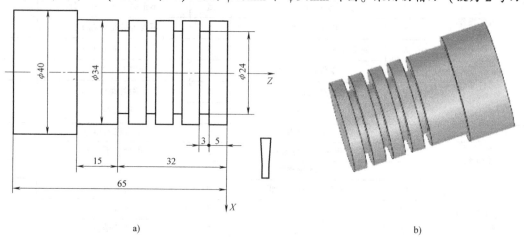

图 1-2-21　多槽零件
a) 平面图　b) 三维图

加工四个间距均为 5mm 的槽，切槽刀刀宽为 3mm，以其左刀尖为刀位点。采用切断刀对零件进行切断。

【知识目标】

1. 掌握暂停指令的含义及应用。
2. 掌握子程序编程技巧。
3. 掌握单槽、多槽、宽槽加工工艺制订方法。
4. 掌握切断方法。

【能力目标】

1. 能熟练装夹切槽刀。
2. 学会切槽刀对刀并掌握其校验方法。
3. 掌握零件尺寸控制方法。

一、进给暂停指令 G04

在系统自动运行过程中，可以通过指令 G04 暂停刀具进给，暂停时间到达后自动执行后续的程序段。

（1）编程格式　G04 P__或 G04 X__。

（2）作用　在两个程序段之间设定一段时间的暂停。

（3）参数含义　P__/X__设定程序暂停的时间，其中 P 参数单位为 s，X 参数单位为 ms。

（4）说明

1）G04 为非模态指令。

2）G04 指令执行时，刀具与工件之间无相对运动，即刀具不做切削进给运动。

3）G04 指令执行时，一定是在前一程序段的进给速度降为零之后才开始暂停。

4）G04 指令可使刀具短暂停留，以获得光滑圆整的表面，因此常用于切槽及钻镗孔的加工。

（5）注意事项

1）X 后面的数字不可超过 2000，否则系统不会执行该行程序。

2）最小指定暂停时间为 1 个插补周期（Parm000001），指定暂停时间不足 1 个插补周期的按照 1 个插补周期指定。

二、子程序

1. 子程序的定义

在程序编制的过程中，往往存在某一个加工内容的程序重复出现或者几个程序都要使用它的情况，此时可以把这类程序编制为固定程序，这组固定程序叫子程序。当一个程序中有固定加工操作重复出现时，可将这部分操作编制为子程序事先输入到程序中，以简化编程。

E1-2-8　子程序的使用

2. 子程序的格式

图 1-2-22 所示为子程序的格式，与主程序的格式相似，区别是用来表示程序结束的代码不同。由 M99 表示子程序运行结束并返回。

3. 子程序的调用

主程序在执行过程中如果需要某一子程序，可以利用调用指令 M98 来调用子程序。

调用格式：M98 P__ L__。其中，P 后跟被调用的子程序的程序号，L 后跟被重复调用的次数。例如，"M98 P0002 L3" 的含义是调用名为%0002 的子程序并重复执行 3 次。

子程序执行完后返回到主程序，继续执行主程序后面的程序段，其执行过程如图 1-2-23 所示。

图 1-2-22 子程序的格式

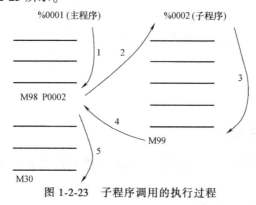

图 1-2-23 子程序调用的执行过程

4. 子程序的嵌套

子程序的嵌套是指一个子程序也可以调用另一个子程序，子程序嵌套的执行过程如图 1-2-24 所示。

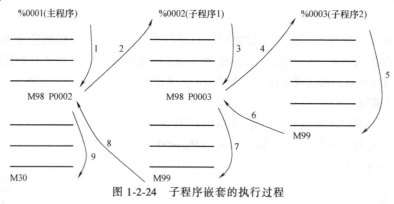

图 1-2-24 子程序嵌套的执行过程

任务实施

一、加工准备

1. 机床选择

采用装有华中数控系统的数控车床。

2. 工具、量具及毛坯

完成本任务零件加工所需要的工具、刀具、量具及毛坯清单见表 1-2-6。

表 1-2-6　工具、刀具、量具及毛坯清单

序号	名　称	规　格	数量	备注
1	游标卡尺	0~150mm/0.02mm	1把	
2	外径千分尺	0~25mm/0.01mm, 25~50mm/0.01mm	各1把	
3	外圆车刀	93°	1把	
4	切断刀	刀宽3mm	1把	
5	工具	刀架扳手、卡盘扳手	各1副	
6	毛坯	材料为45钢,尺寸为 $\phi30mm\times30mm$ 和 $\phi45mm\times75mm$	各1根	
7	其他辅具	铜棒、铜皮、毛刷;计算器、相关指导书等	1套	选用

3. 工艺分析

(1) 工作任务1工艺分析

1) 如图1-2-20所示,根据零件形状,采用G71粗车复合循环指令切削加工外圆部分,所用刀具设为T01外圆车刀,其加工路线为:切削 $\phi24mm$ 外圆→切削 $\phi30mm$ 外圆;所留精车余量为 X 方向0.4mm、Z 方向0.1mm。

2) 再选择T02切槽刀,切削 $3mm\times\phi20mm$ 的退刀槽,刀宽为3mm。

(2) 工作任务2工艺分析

1) 如图1-2-21所示,根据零件形状,采用G71粗车复合循环指令切削加工外圆部分,所用刀具设为T01外圆车刀,其加工路线为:切削 $\phi34mm$ 外圆→切削 $\phi40mm$ 外圆;所留精车余量为 X 方向0.4mm,Z 方向0.1mm。

2) 再选择T02切槽刀,切削四个间距均为5mm,尺寸为 $3mm\times\phi24mm$ 的退刀槽,刀宽为3mm。

3) 零件加工完毕后,利用T02切槽刀进行切断。

槽类零件数控加工工序卡见表1-2-7。

表 1-2-7　槽类零件数控加工工序卡

数控加工工序卡		零件图号	零件名称	材料	设备	
		—	槽类零件	45钢	数控车床	
工步号	工步内容	刀具号	刀具名称	刀具规格	主轴转速/(r/min)	进给速度/(mm/min)	备注
1	粗车外轮廓面	T01	外圆车刀	93°	500	150	
2	精车外轮廓面	T01	外圆车刀	93°	1000	100	
3	切槽	T02	切断刀	3mm	450	45	
4	切断	T02	切断刀	3mm	400	40	手动

二、数控程序编制

1. 单槽零件的数控加工程序

%0001　　　　　　　　　　　　　　　　　　　　　　　　　　(程序名)

T0101　　　　　　　　　　　　(选择1号外圆粗车刀、1号刀补,设立工件坐标系)

```
M03 S500 F150              （主轴正转,粗车主轴转速为500r/min、进给速度为150mm/min）
G00 X35 Z3                 （快进至循环起点）
G71 U1 R1 P1 Q2 X0.4 Z0.1  （利用G71指令进行粗加工）
                           （换1号外圆精车刀、1号刀补,设立工件坐标系）
N1 G01 X24                 （下刀）
S1000 F100                 （精车主轴转速为1000r/min、进给速度为100mm/min）
G01 Z-23                   （切削φ24mm 圆柱外圆）
N2 G01 X35                 （退刀）
G00 X100 Z100              （返回程序起点）
T0202                      （换2号切槽刀、2号刀补,确定其坐标系）
M03 S450                   （主轴正转,转速为450r/min）
G00 X35  Z-23              （移至准备加工点）
G01 X20 F45                （退刀槽的切削加工）
G04 P5                     （刀具暂停5秒）
G01 X35 F50                （退刀）
G00 X100 Z100              （返回程序起点）
M05                        （主轴停转）
M30                        （程序结束并复位）
```

2. 多槽零件的数控加工程序

```
%0002                      （程序名）
T0101                      （选择1号外圆车刀、1号刀补,设立工件坐标系）
M03 S500  F150             （主轴正转,粗车主轴转速为500r/min、进给速度为150mm/min）
G00 X47 Z3                 （快进至循环起点）
G71 U1 R1 P1 Q2 X0.4 Z0.1  （利用G71指令进行粗加工）
                           （换1号外圆精车刀、1号刀补,设立工件坐标系）
N1 G00 X34 S800            （下刀）
S1000 F100                 （精车主轴转速1000r/min、进给速度100mm/min）
G01 Z-47 F100              （切削φ34mm 圆柱外圆）
X40                        （切削φ40mm 圆柱端面）
Z-68                       （切削φ40mm 圆柱外圆）
N2 X47                     （退刀）
G00 X100 Z100              （返回程序起点,准备换刀）
T0202                      （换2号切槽刀、2号刀补）
M03 S450 F45               （主轴正转,转速450r/min）
G00 X36 Z0 M08             （移至子程序运行起点,打开切削液）
M98 P0003 L4               （调用程序名为%0003的子程序,重复调用4次）
G90 G00 X45  Z-68          （改为绝对坐标编程,并将刀具快进至切断起点）
G01 X-1 F40                （切断）
G00 X100 Z100              （返回程序起点）
```

M09	（关闭切削液）
M05	（主轴停转）
M30	（程序结束并复位）
%0003	（子程序名）
G91	（改为增量坐标编程）
G00 Z-8	（快进至切槽起点）
G01 X-12	（切削 φ24mm×3mm 的槽）
G04 P2	（刀具暂停 2 秒,光整加工）
G01 X12	（退刀）
M99	（子程序结束并返回主程序）

三、零件加工

1. 零件加工步骤

1）按照工具、刀具、量具及毛坯清单领取相应的工具、刀具、量具及毛坯。
2）开机上电，包括机床电源及操作面板电源。
3）复位并返回机床参考点。
4）装夹工件毛坯。
5）装夹刀具并找正。
6）对刀，建立工件坐标系。
7）输入程序。
8）校验程序。
9）加工零件。
10）测量零件。
11）校正刀具磨损值。
12）零件加工合格后，对机床进行相应的清理及保养。
13）按照工具、刀具、量具清单归还相应的工具、刀具、量具。
14）填写工作日志并关闭操作面板及机床电源。

2. 零件加工注意事项

1）一定要严格按照以上步骤进行操作。
2）切记先对刀，而后输入程序再进行程序校验。
3）运行程序时先用单段方式进行，起刀点或循环起点无误的情况下方可切换到自动运行模式。
4）在加工过程中注意将防护罩关闭。
5）出现紧急情况马上按下急停按钮。
6）注意进给倍率的控制。

四、检查评价

加工完成后，对零件进行去毛刺和尺寸检测，槽类零件加工检测评分表见表 1-2-8。

表 1-2-8 槽类零件加工检测评分表

项目	序号	技术要求	配分	评分标准	得分
程序与工艺（15%）	1	程序正确完整	5	不规范处每处扣1分	
	2	切削用量合理	5	不合理处每处扣1分	
	3	工艺过程规范合理	5	不合理处每处扣1分	
机床操作（15%）	4	刀具选择及安装正确	5	不正确处每处扣1分	
	5	机床操作规范	5	不规范处每处扣1分	
	6	对刀及工件坐标系设定正确	5	不正确处每处扣1分	
零件质量（45%）	7	零件形状正确	30	不合理处每处扣2分	
	8	尺寸精度符合要求	8	不正确处每处扣1分	
	9	无毛刺	7	出错全扣	
文明生产（15%）	10	安全操作	5	不合格不得分	
	11	机床维护与保养	5	不合格不得分	
	12	工作场所整理	5	不合格不得分	
相关知识及职业能力（10%）	13	数控加工机床知识	2	酌情给分	
	14	自学能力	2	酌情给分	
	15	表达及沟通能力	2	酌情给分	
	16	合作能力	2	酌情给分	
	17	创新能力	2	酌情给分	

拓展训练

任务二 数控车削槽类零件

任务单见附录表 A-2。

项目三
成形面类零件的加工

【项目描述】

本项目对有凹弧、凸弧等特征的零件进行编程与加工，通过学习，应掌握加工该类零件的刀具选择方法、加工工艺方式、尺寸控制方法等，熟练使用 HNC-21T 数控车系统提供的圆弧加工指令，并能独立完成综合成形面类零件加工。

任务　圆弧面零件的加工

【工作任务】

圆弧面零件如图 1-3-1 所示，利用数控车床进行圆弧面零件加工，要求切断。毛坯为 φ32mm×60mm 的 45 钢。工件坐标系如图 1-3-1a 所示，两段圆弧交点的坐标是 (24, -24)。

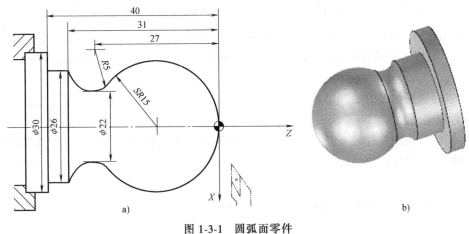

图 1-3-1　圆弧面零件
a) 平面图　b) 三维图

E1-3-1　圆弧插补指令应用

【知识目标】
1. 掌握圆弧插补指令及应用。
2. 掌握判断圆弧插补方向的方法。
3. 掌握刀尖圆弧半径补偿功能的使用方法。

【能力目标】
1. 学会使用外圆车刀加工圆弧面零件。

E1-3-2　圆弧面零件加工

2. 能够熟练掌握刀尖圆弧半径补偿功能。

一、圆弧插补指令 G02、G03

（1）编程格式

半径编程方式指定圆心位置：G02/G03 X(U)__ Z(W)__ R__ F__。

矢量编程方式指定圆心位置：G02/G03 X(U)__ Z(W)__ I__ K__ F__。

（2）作用　使刀具按照指定的进给速度从圆弧起点插补到圆弧终点，实现两点间的圆弧加工，插补过程中可以进行切削加工。圆弧分为顺时针圆弧和逆时针圆弧，与走刀方向、刀架位置有关。

（3）参数含义

G02/G03：G02 表示按指定速度进给的顺时针圆弧插补指令，G03 表示按指定速度进给的逆时针圆弧插补指令。

X__ Z__：以绝对编程方式表示刀具圆弧插补终点的坐标。

U__ W__：以增量编程方式表示刀具圆弧插补终点的坐标，即圆弧终点相对于圆弧起点的增量值。

R：圆弧的半径。

I__ K__：由圆弧起点指向圆心的矢量，该矢量在 X 轴、Z 轴的分量分别是 I、K，因此，I、K 既有大小，又有方向。假设圆弧 $\overset{\frown}{AB}$ 从起点 A 插补到终点 B，O_1 点为圆弧的圆心，则由起点 A 指向圆心 O_1 构成矢量 $\overline{AO_1}$，该矢量在 X 轴、Z 轴上分解所得的分矢量 I、K 的大小、方向如图 1-3-2 所示。

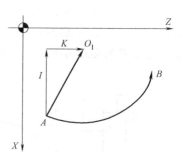

图 1-3-2　矢量参数说明

F：进行圆弧插补时的进给速度。

（4）说明

1）顺时针或逆时针的判断，利用笛卡儿直角坐标系右手定则，从垂直于圆弧所在平面的坐标轴的正方向向负方向看去，观察插补方向，顺时针圆弧用 G02，逆时针圆弧用 G03，如图 1-3-3 所示。

2）程序段中同时编入 R 与 I、K 时，R 有效。

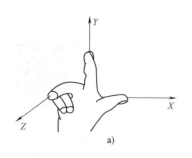

图 1-3-3　圆弧方向的判断

二、刀具补偿指令

刀具补偿指令用于补偿实际加工所用的刀具,与编程使用的理想刀具或对刀使用的基准刀具之间的偏差值,以保证加工零件符合图样要求。

数控车床的刀具补偿包括刀具几何补偿和刀尖圆弧半径补偿两种。

1. 刀具几何补偿

刀具几何补偿又称刀具位置补偿,包括刀具偏置补偿和刀具磨损补偿两种。

(1) 刀具偏置补偿 针对由刀具更换引起刀尖位置的变化而进行的位置补偿。

刀具偏置补偿有两种形式:一种需要确定标准刀,即相对补偿形式;一种无须确定标准刀,即绝对补偿形式。

1) 相对补偿形式。如图 1-3-4 所示,设标准刀具以其刀尖位置 A 为依据建立工件坐标系,此时,标准刀具的偏置值为机床回到机床零点时,刀尖位置 A 与工件原点之间的有向距离。当非标刀具转到工作位时,刀尖位置 B 相对于刀尖位置 A 在 X 轴方向变化了 ΔX、在 Z 轴方向变化了 ΔZ。显然两刀的刀尖位置不重合,因此应对非标准刀具相对于标准刀具的偏置值进行补偿,使刀尖位置 B 移至位置 A。

2) 绝对补偿形式。这种补偿形式不必设置标准刀。当机床回到机床零点时,处于工作位上的刀具的刀尖与工件原点之间的有向距离即为该刀具的绝对偏置值。通过对刀操作,数控系统会自动计算各刀刀位点与工件原点之间的有向距离,即刀具的 X 偏置、Z 偏置。执行刀偏补偿时,各刀均以此值设定各自的坐标系。需要注意,虽然各刀刀位点与工件原点的有向距离不同,但建立的坐标系均与工件坐标系重合。

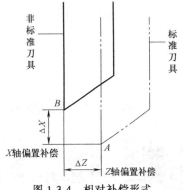

图 1-3-4 相对补偿形式

试切时自动生成刀具刀位点在机床坐标系中的坐标,与几何位置补偿无关。建立工件坐标系使用 G54 指令时,使用此偏置值,如图 1-3-5 所示。

(2) 刀具磨损补偿 针对某把车刀而言,批量加工一批零件后,刀具自然磨损导致刀尖位置尺寸的改变,需为该刀具的磨损进行补偿。批量加工后,各把车刀都应考虑磨损补偿(包括基准车刀),为安全起见,一般在车削前预设一个正值的磨损值,如图 1-3-6 所示,X 磨损 = 0.8mm;如果测量的实际值比图样尺寸大 0.85mm,前次车削完成校正后,磨损值应改为:0.8-0.85=-0.05mm,如图 1-3-7 所示。

(3) 刀具几何补偿指令 刀具的几何补偿功能由 T 指令指定,格式为:<u>TXXXX</u>

地址字 T 后的 4 位数字分别表示刀具号和刀补号,如图 1-3-8 所示。

刀具补偿号是刀具位置补偿寄存器的地址号,该寄存器存放刀具的 X 轴偏置补偿值和磨损补偿值、Z 轴偏置补偿值和磨损补偿值。当程序执行到含"TXXXX"的程序行时,即自动到刀补地址中提取刀偏及刀补数据。补偿号 00 表示补偿量为 0,即取消刀具几何补偿功能。

2. 刀尖圆弧半径补偿

(1) 刀尖圆弧半径补偿的作用 编制程序时,通常将车刀刀尖假想成一个刀尖点 P,如

图 1-3-5 绝对补偿形式

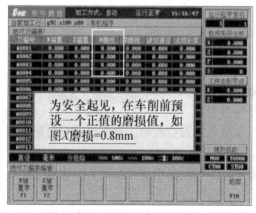

图 1-3-6 车削前设置

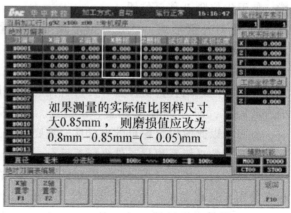

图 1-3-7 前次车削完成校正

图1-3-9所示，按照P点轨迹与工件轮廓相重合的方法编程。但是事实上，刀尖是由一小段圆弧（$\widehat{AB}$）构成的，加工时圆弧上的各点均有可能进行切削，而假想刀尖点P却不进行切削加工，这样就会引起加工表面的形状误差。

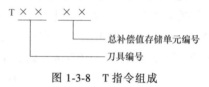

图 1-3-8 T指令组成

如图 1-3-10 所示，在进行端面、外径或内径等与轴线平行的表面加工时，由于假想刀尖点 P 与实际切削点 A（或 B）的 Z 轴坐标（或 X 轴坐标）相同，所以没有产生形状误差和尺寸误差。但是在进行锥面或圆弧切削时，则会出现少切或过切现象。利用刀尖圆弧半径补偿功能可以克服上述现象。

与以往用刀尖轨迹反映刀具运动轨迹的方法不同，采用刀尖圆弧半径补偿功能的数控系统是以刀尖圆弧中心的轨迹反映刀具的运动轨迹的。这样一来，数控系统可以根据刀具的补偿半径和补偿方式,使刀具中心的运动轨迹自动偏离一个半径的距离,从而加工出符合要求的工件轮廓。

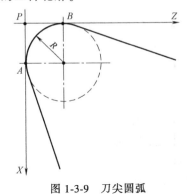
图 1-3-9 刀尖圆弧

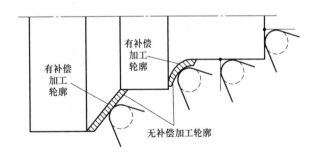
图 1-3-10 刀尖圆弧对加工表面质量的影响

(2)刀尖圆弧半径补偿的实现　想要实现刀尖圆弧半径补偿功能,以下三部分信息缺一不可。

1)刀尖圆弧半径。车刀刀尖圆弧半径的大小是刀补功能实现时具体补偿值的大小。通常,车刀刀尖圆弧半径越大,引起的加工误差越大。需要注意的是,在加工前应该把车刀刀尖圆弧的半径值输入到刀库表中,如图 1-3-11 所示。

2)车刀形状位置参数。车刀的形状多种多样,所以车刀刀尖的位置并不固定。如图 1-3-12 所示,车刀的不同方位分别用 0~9 表示,P 为假想刀尖点。由于刀尖的方位直接影响刀尖圆弧半径补偿功能的实现,所以在加工前应该把车刀刀尖方位代码也输入到刀库表中。图 1-3-13 所示为前置刀架的车刀刀尖号与相应的刀具类型。

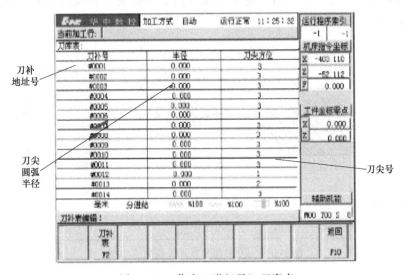
图 1-3-11 华中"世纪星"刀库表

3)刀尖圆弧半径补偿指令。除了将刀尖圆弧的半径值和车刀形状位置参数手动输入到刀库表中,还需要通过 G 代码告知数控系统是否进行刀尖圆弧半径补偿以及进行何种补偿。刀尖圆弧半径补偿分为三个步骤:刀补建立、刀补进行、刀补取消。从无补偿方式到建立 G41 或 G42 指令,为刀补建立;刀补进行是指刀具按照半径补偿的设定方式执行工件加工

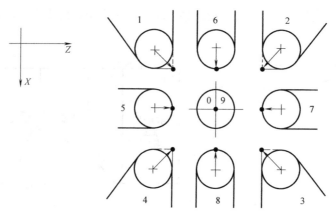

● 代表刀具刀位点 P，+ 代表刀尖圆弧圆心 O

图 1-3-12　车刀形状位置参数

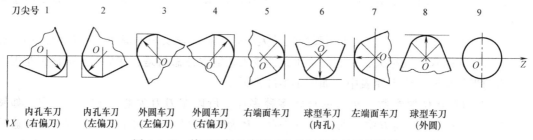

图 1-3-13　前置刀架的车刀刀尖号与相应的刀具类型

的过程；当设定的补偿工作完成后，用 G40 指令退出补偿为刀补取消。图 1-3-14 所示为刀尖圆弧半径补偿建立的过程。

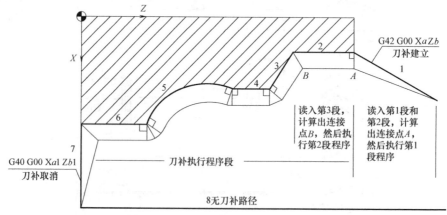

图 1-3-14　刀尖圆弧半径补偿建立步骤

① 建立刀尖圆弧半径补偿

a. 编程格式：G41/G42　G00/G01　X＿Z＿(F)。

b. 参数含义：

G41 设定刀具半径左补偿，也称左刀补（迎着垂直于圆弧所在平面的坐标轴的正向，沿刀具的前进方向看，刀具中心在零件轮廓的左侧）。

G42 设定刀具半径右补偿，也称右刀补（迎着垂直于圆弧所在平面的坐标轴的正向，沿刀具的前进方向看，刀具中心在零件轮廓的右侧）。

G00/G01 设定建立刀尖圆弧半径补偿时的运动指令。

X__Z__设定建立刀尖圆弧半径补偿时的运动终点坐标，既可以用绝对方式表示，也可以用增量方式表示。

F 设定进给速度，建立刀尖圆弧半径补偿时的运动指令若用 G01，则需要指定进给速度的大小，否则无须指定。

② 取消刀尖圆弧半径补偿

a. 编程格式：G40　G00/G01　X__Z__(F)。

b. 参数含义：

G40 设定取消刀尖圆弧半径补偿功能，其他参数含义同上。

③ 说明

a. 半径补偿只能在 G00 或 G01 指令运动（非切削段）中建立或取消。即 G41、G42 只能和 G00、G01 一起使用，不能用于圆弧指令 G02 或 G03。补偿指令应加在切入工件的前一程序段中。

b. 在补偿状态下，没有移动指令（M 指令、延时指令等）的程序段不能在连续两个以上的程序段中指定，否则会过切或欠切。

c. G41 和 G42 是模态指令，在刀补执行完成后，应当用 G40 指令取消补偿，否则，再次调用刀具时，刀具轨迹会偏离一个刀尖半径值，会引起后续刀补的计算错误。半径补偿的取消，也应安排在刀具切出工件后。（当前面已有 G41、G42 指令，如要转换为 G42、G41 指令或结束半径补偿，应先由 G40 指令取消前面的刀尖圆弧半径补偿）。

d. 进行半径补偿后，刀具路径应当单方向递增或递减。比如，使用 G42 指令后，刀具沿 Z 轴负方向连续切削，这期间不会向 Z 轴正方向移动；如必须正向移动，需要取消半径补偿，进行换刀或重新设置补偿方式。

e. 刀尖半径 R 不能输入负值，否则运行轨迹会出错。

f. 使用半径补偿精加工，应注意：当刀具半径大于所加工工件的内轮廓拐角半径，刀尖直径大于所加工的沟槽宽度，刀具半径大于所加工的台阶高度时，会产生过切现象。因此，在加工前应核对刀补参数与工件特殊环节的匹配情况。

g. 在 MDI 模式下不能执行刀补建立，也不能执行刀补取消。

h. 执行固定循环指令时，暂时取消刀尖半径补偿功能，子程序中也不能有半径补偿指令。使用半径补偿精加工，必须在后面程序段中以 G00、G01、G02、G03 的模式进行恢复。

i. 程序结束时，必须取消刀补。当程序执行 M30 指令时，刀补取消。

j. HNC-8 型数控系统在复合循环中使用半径补偿时，半径补偿的建立和取消必须在复合循环的 P/Q 段之间。

任务实施

一、加工准备

1. 机床选择

采用装有华中数控系统的数控车床。

2. 工具、量具及毛坯

完成本任务零件加工所需要的工具、刀具、量具及毛坯清单见表 1-3-1。

表 1-3-1 工具、刀具、量具及毛坯清单

序号	名称	规格	数量	备注
1	游标卡尺	0~150mm/0.02mm	1 把	
2	外径千分尺	0~25mm/0.01mm，25~50mm/0.01mm	各 1 把	
3	外圆车刀	93°	1 把	
4	切槽刀	刀宽 3mm	1 把	
5	工具	刀架扳手、卡盘扳手	各 1 副	
6	毛坯	材料为 45 钢，尺寸为 φ32mm×60mm	1 根	
7	其他辅具	铜棒、铜皮、毛刷；计算器、相关指导书等	1 套	选用

3. 工艺分析

1）如图 1-3-1 所示，根据零件形状，采用 G71 粗车复合循环指令切削加工外圆部分，圆弧车削需要一把 93°精车刀，其加工路线为：切削 $SR15mm$ 圆弧→切削 $R5mm$ 圆弧→切削 $φ26mm$ 圆柱外圆→切削 $φ30mm$ 圆柱端面；所留精车余量为 X 方向 0.6mm、Z 方向 0.1mm。

2）零件加工完毕后，利用切槽刀进行切断。

3）注意事项：

① 程序运行前，应首先确定以下参数，并输入到刀库表中。

刀尖圆弧半径：$R=0.5mm$。

车刀形状位置参数：根据所用刀具的刀尖位置，该刀刀尖位置编码为 3。

② G41/G42 指令的判定：根据图 1-3-1 所示的坐标平面及进给方向，本例采用 G42 指令进行刀尖圆弧半径补偿。

圆弧面零件数控加工工序卡见表 1-3-2。

表 1-3-2 圆弧面零件数控加工工序卡

数控加工工序卡		零件图号	零件名称		材料	设备	
		—	圆弧面零件		45 钢	数控车床	
工步号	工步内容	刀具号	刀具名称	刀具规格	主轴转速/(r/min)	进给速度/(mm/min)	备注
1	粗车外轮廓面	T01	外圆车刀	93°	500	150	
2	精车外轮廓面	T01	外圆车刀	93°	800	80	
3	切断	T02	切槽刀	3mm	400	40	自动

二、数控程序编制

%0001
T0101
M03 S500 F150
G00 X40 Z5

```
G71 U2 R1 P1 Q2 X0.6 Z0.1
N01 S800 F80
G00 X0
G01 G42 Z0 D01
G03 X24 Z-24 R15
G02 X26 Z-31 R5
G01 Z-43
N02 G40 G01 X40
G00 X100 Z100
T0202
M03   S400   F40
G00   X40 Z-43
G01   X-1
G00 X100 Z100
M05
M30
```

三、零件加工

1. 零件加工步骤

1）按照工具、刀具、量具及毛坯清单领取相应的工具、刀具、量具及毛坯。
2）开机上电，包括机床电源及操作面板电源。
3）复位并返回机床参考点。
4）装夹工件毛坯。
5）装夹刀具并找正。
6）对刀，建立工件坐标系。
7）输入程序。
8）校验程序。
9）加工零件。
10）测量零件。
11）校正刀具磨损值。
12）零件加工合格后，对机床进行相应的清理及保养。
13）按照工具、刀具、量具清单归还相应的工具、刀具、量具。
14）填写工作日志并关闭操作面板及机床电源。

2. 零件加工注意事项

1）一定要严格按照以上步骤进行操作。
2）切记先对刀，而后输入程序再进行程序校验。
3）运行程序时先用单段方式进行，起刀点或循环起点无误的情况下方可切换到自动运行模式。
4）在加工过程中注意将防护罩关闭。

5）出现紧急情况马上按下急停按钮。
6）注意进给倍率的控制。

四、检查评价

加工完成后，对零件进行去毛刺和尺寸检测，圆弧面零件加工检测评分表见表 1-3-3。

表 1-3-3　圆弧面零件加工检测评分表

项目	序号	技术要求	配分	评分标准	得分
程序与工艺 （15%）	1	程序正确完整	5	不规范处每处扣 1 分	
	2	切削用量合理	5	不合理处每处扣 1 分	
	3	工艺过程规范合理	5	不合理处每处扣 1 分	
机床操作 （15%）	4	刀具选择及安装正确	5	不正确处每处扣 1 分	
	5	机床操作规范	5	不规范处每处扣 1 分	
	6	对刀及工件坐标系设定正确	5	不正确处每处扣 1 分	
零件质量 （45%）	7	零件形状正确	30	不合理处每处扣 2 分	
	8	尺寸精度符合要求	8	不正确处每处扣 1 分	
	9	无毛刺	7	出错全扣	
文明生产 （15%）	10	安全操作	5	不合格不得分	
	11	机床维护与保养	5	不合格不得分	
	12	工作场所整理	5	不合格不得分	
相关知识及 职业能力 （10%）	13	数控加工机床知识	2	酌情给分	
	14	自学能力	2	酌情给分	
	15	表达及沟通能力	2	酌情给分	
	16	合作能力	2	酌情给分	
	17	创新能力	2	酌情给分	

拓展训练

任务三　数控车削圆弧面零件

任务单见附录表 A-3。

项目四
螺纹类零件的加工

项目描述

本项目包含外螺纹零件的加工和内螺纹零件的加工两个任务,通过学习,应掌握机械加工中常见螺纹的数控加工方法。

任务一 外螺纹零件的加工

【工作任务】

外螺纹零件如图 1-4-1 所示,根据三角外螺纹的特点,制订加工方案,编制加工程序,并在数控车床上进行外螺纹加工。该零件的退刀槽、φ16mm 外圆以及倒角均已加工完毕。

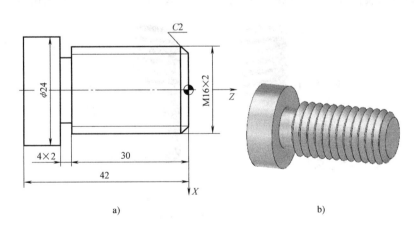

图 1-4-1 外螺纹零件
a) 平面图 b) 三维图

【知识目标】
1. 掌握加工普通螺纹时螺距、牙高的确定方法。
2. 掌握螺纹切削循环指令 G82 的使用方法。
3. 掌握外螺纹的检测方法。

【能力目标】

能用螺纹切削循环指令 G82 编制螺纹加工程序。

知识链接

一、螺纹的基础知识

1. 螺纹的分类

1)按螺纹的牙型(截面形状)可分为矩形螺纹、三角形螺纹、梯形螺纹、锯齿形螺纹,如图1-4-2所示。三角形螺纹自锁性能好,主要用于联接;矩形、梯形和锯齿形螺纹主要用于传动。

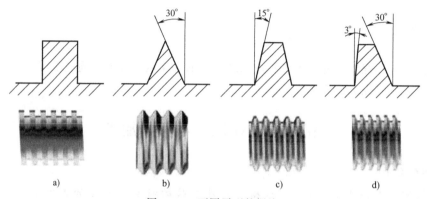

图1-4-2 不同牙型的螺纹
a)矩形螺纹 b)三角形螺纹 c)梯形螺纹 d)锯齿形螺纹

2)按螺纹的旋向分为左旋螺纹和右旋螺纹,如图1-4-3所示,一般采用右旋螺纹。

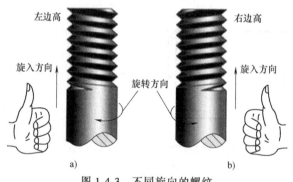

图1-4-3 不同旋向的螺纹
a)左旋螺纹 b)右旋螺纹

3)按螺旋线的数目分为单线螺纹、双线螺纹及多线螺纹,如图1-4-4所示。联接多用单线螺纹,传动多用双线或多线螺纹。

图1-4-4 螺纹的线数
a)单线螺纹 b)双线螺纹

4）按回转体的内、外表面分为外螺纹和内螺纹，如图 1-4-5 所示。

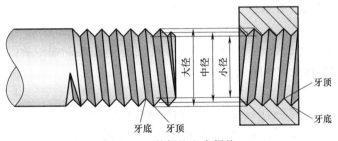

图 1-4-5 外螺纹和内螺纹

2. 螺纹的主要参数

（1）大径 D、d 与外螺纹牙顶或内螺纹牙底相切的假想圆柱或圆锥的直径，即螺纹的最大直径。其中，内螺纹大径用 D 表示，外螺纹大径用 d 表示。螺纹大径为普通螺纹的公称直径，代表螺纹的规格尺寸。

（2）小径 D_1、d_1 与外螺纹牙底或内螺纹牙顶相切的假想圆柱或圆锥的直径，即螺纹的最小直径。其中，内螺纹小径用 D_1 表示，外螺纹小径用 d_1 表示。

（3）中径 D_2、d_2 中径圆柱或中径圆锥的直径。即母线通过圆柱（或圆锥）螺纹上牙厚和牙槽宽相等处的假想圆柱的直径。其中，内螺纹中径用 D_2 表示，外螺纹中径用 d_2 表示。

（4）螺距 P 和导程 P_h（图 1-4-6） 相邻两牙体上的对应牙侧与中径线相交两点间的轴向距离 P 称为螺距。同一条螺旋线上，相邻两牙体相同牙侧与中径线相交两点之间的轴向距离 P_h 称为导程。

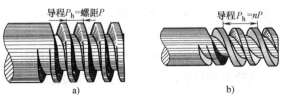

图 1-4-6 螺纹的螺距和导程
a）单线螺纹 $P=P_h$ b）多线螺纹 $P=P_h/n$

（5）螺纹线数 n 指同一圆柱面或圆锥面上螺纹的线数。

（6）螺纹尺寸计算经验公式

1）螺纹牙高 $h = 0.65P$。

2）外螺纹小径 $d_1 = d - 2h$。

3）内螺纹小径 $D_1 = D - p$。

（7）常用螺纹直径与螺距的标准组合（表 1-4-1）

表 1-4-1 常用螺纹直径与对应螺距（粗牙）　　　　　　（单位：mm）

直径(D、d)	6	8	10	12	14	16	18	20	22	24	27
螺距(P)	1	1.25	1.5	1.75	2	2	2.5	2.5	2.5	3	3

3. 螺纹的标记

完整的螺纹标记由螺纹特征代号、尺寸代号、公差带代号及其他有必要做进一步说明的个别信息组成。

(1) 螺纹特征代号　普通螺纹用字母"M"表示。

(2) 尺寸代号

1) 单线螺纹的尺寸代号为"公称直径×螺距"，公称直径和螺距数值的单位为毫米。对粗牙螺纹，可以省略标注其螺距项。

示例：

公称直径为 8mm、螺距为 1mm 的单线细牙螺纹标记为 M8×1。

公称直径为 8mm、螺距为 1.25mm 的单线粗牙螺纹标记为 M8。

2) 多线螺纹的尺寸代号为"公称直径×P_h 导程 P 螺距"，公称直径、导程和螺距数值的单位为毫米。如果要进一步表明螺纹的线路，可在后面增加括号说明（使用英语进行说明：例如双线为"two starts"、三线为"three starts"、四线为"four starts"）。

示例：

公称直径为 16mm、螺距为 1.5mm、导程为 3mm 的双线螺纹标记为 M16×P_h3P1.5 或 M16×P_h3P1.5（two starts）。

(3) 公差带代号　包含中径公差带代号和顶径公差带代号，中径公差带代号在前，顶径公差带代号在后。

1) 各直径的公差带代号由表示公差等级的数值和表示公差带位置的字母（内螺纹用大写字母外螺纹用小写字母）组成。如果中径公差带代号与顶径公差带代号相同，则应只标注一个公差带代号。螺纹尺寸代号与公差带代号之间用"-"号分开。

示例：

中径公带差为 5g、顶径公差带为 6g 的外螺纹：M10×1-5g6g。

中径公带差和顶径公差带为 6g 的粗牙外螺纹：M10-6g。

中径公差带为 5H、顶径公称带为 6H 的内螺纹：M10×1-5H6H。

中径公差带和顶径公差带为 6H 的粗牙内螺纹：M10-6H。

2) 在下列情况下，中等公差精度螺纹不标注其公差带代号。

公差带为 5H，公称直径小于和等于 1.4mm 的内螺纹。

公差带为 6H，公称直径大于和等于 1.6mm 的内螺纹。

公差带为 6h，公称直径小于和等于 1.4mm 的外螺纹。

公差带为 6g，公称直径大于和等于 1.6mm 的外螺纹。

注：对于螺距为 0.2mm 的内螺纹，其公差等级为 4 级。

示例：

中径公差带和顶径公差带为 6g、中等公差精度和粗牙外螺纹：M10。

中径公差带和顶径公差带为 6H、中等公差精度的粗牙内螺纹：M10。

3) 表示内、外螺纹配合时，内螺纹公差带代号在前，外螺纹公差带代号在后，中间用斜线分开。

示例：

公差带为 6H 的内螺纹与公差带为 5g6g 的外螺纹组成配合：M20×2-6H/5g6g。

公差带为 6H 的内螺纹与公差带为 6g 的外螺纹组成配合（中等公差精度、粗牙）：M6。

(4) 标记内有必要说明的其他信息　包括螺纹的旋合长度和旋向。

1) 旋合长度。对短旋合长度组和长旋合长度组的螺纹,宜在公差带代号后分别标注"S"和"L"代号。旋合长度代号与公差带间用"-"号分开。中等旋合长度组螺纹不标注旋合长度代号(N)。

示例:

短旋合长度的内螺纹:M20×2-5H-S。

长旋合长度的内、外螺纹:M6-7H/7g6g-L。

中等旋合长度的外螺纹(粗牙、中等精度的 6g 公差带):M6。

2) 旋向。对左旋螺纹,应在旋合长度代号之后标注"LH"代号。旋合长度代号与旋向代号间用"-"号分开。右旋螺纹不标注旋向代号。

示例:

左旋螺纹:M8×1-LH (公差带代号和旋合长度代号被省略)

M6×0.75-5h6h-S-LH

M14×P_h6P2-7H-L-LH 或 M14×P_h6P2(three starts)-7H-L-LH

右旋螺纹:M6(螺距、公差带代号、旋合长度代号和旋向代号被省略)

4. 切削次数与背吃刀量

螺纹的加工不是一刀车削完成的,通常是根据螺距大小分多刀车削完成,表 1-4-2 列出了常用螺距螺纹切削的进给次数与背吃刀量,作为螺纹切削加工的参考。

表 1-4-2 常用螺距螺纹切削的进给次数与背吃刀量 (单位:mm)

		米制粗牙螺纹						
螺距		1.0	1.5	2	2.5	3	3.5	4
牙高(半径量)		0.649	0.974	1.299	1.624	1.949	2.273	2.598
切削次数及背吃刀量(直径量)	1次	0.7	0.8	0.9	1.0	1.2	1.5	1.5
	2次	0.4	0.6	0.6	0.7	0.7	0.7	0.8
	3次	0.2	0.4	0.6	0.6	0.6	0.6	0.6
	4次		0.16	0.4	0.4	0.4	0.6	0.6
	5次			0.1	0.4	0.4	0.4	0.4
	6次				0.15	0.4	0.4	0.4
	7次					0.2	0.2	0.4
	8次						0.15	0.3
	9次							0.2

5. 升速进刀段与降速退刀段

在数控车床上加工螺纹时,为了避免在进给机构加速或减速过程中切削螺纹,加工时要设置足够的升速进刀段 δ_1 和降速退刀段 δ_2,如图 1-4-7 所示,以消除伺服滞后造成的螺距误差。δ_1、δ_2 取值大小与车床的动态特性、螺纹螺距和加工精度有关,一般 δ_1 取 2~5mm,δ_2 取 1~2mm。在切削螺纹时,

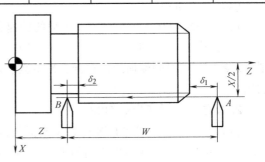

图 1-4-7 G32 指令编程

可以确保刀具在升速后与工件接触，刀具离开工件后再降速。

二、螺纹加工指令

1. 单行程螺纹切削指令 G32

（1）作用　主要用于车削圆柱螺纹、锥螺纹和端面螺纹，其特点是：一个 G32 指令只能完成一步螺纹切削，即完成图 1-4-7 所示的运动 $A \rightarrow B$。而从起点下刀至点 A、由点 B 退刀和返回到起点这三个动作仍需用 G00 或 G01 指令另外指定。

E1-4-1　G32 指令执行过程

（2）编程格式　G32 X(U)＿Z(W)＿R＿E＿P＿F＿。

（3）参数含义

X＿Z＿：以绝对编程方式表示螺纹切削终点在工件坐标系中的坐标。

U＿W＿：采用增量编程方式时，螺纹切削终点相对于螺纹切削起点的增量坐标值。

R＿E＿：无退刀槽的螺纹切削在斜线退刀时形成的退尾量。R 设定 Z 向退尾量，E 设定 X 向退尾量，根据螺纹标准，R 参数一般取 0.75～1.75 倍的螺距，E 参数取螺纹的牙型高。

P＿：主轴基准脉冲处距离螺纹切削起始点的主轴转角。单线螺纹 P 参数取 0，双线螺纹 P 参数取 180，三线螺纹 P 参数取 120。

F＿：螺纹导程，即主轴每转一圈，刀具相对于工件的轴向进给量。对于锥螺纹，其斜角在 45°以下时，螺纹导程在 Z 轴方向指定，斜角为 45°～90°时，在 X 轴方向指定，如图 1-4-8、图 1-4-9 所示。

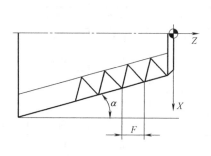

图 1-4-8　螺纹导程（0°<α<45°）

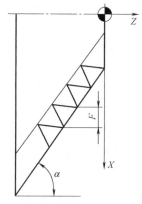

图 1-4-9　螺纹导程（45°≤α≤90°）

（4）注意事项

1）从螺纹粗加工到精加工，主轴的转速必须保持不变。

2）指令"G32 X(U)＿Z(W)＿F＿"中，X 参数省略时是圆柱螺纹切削，Z 参数省略时是端面螺纹切削，X 参数、Z 参数都不省略时是圆锥螺纹切削。

E1-4-2　外螺纹加工

2. 螺纹切削循环指令 G82

（1）作用　刀具可进行圆柱螺纹或圆锥螺纹的加工，其特点是：一个 G82 指令可以自动完成四步切削加工。如图 1-4-10 所示，刀具从循环起点 A 出发，以快进方式运动到切削起点 B，再以 F 指定的进给速度加工至切削终点 C，然后以相同的速度退刀至

退刀点 D，最后再以快进方式返回到循环起点 A。

（2）编程格式　G82 X(U)__Z(W)__R__E__I__C__F__。

（3）参数含义

X__Z__：以绝对编程方式表示切削终点的坐标。

U__W__：以增量编程方式表示切削终点相对于循环起点的增量坐标值。

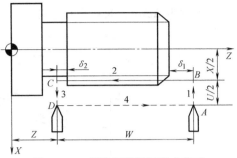

图 1-4-10　螺纹切削循环指令编程

R__E__：无退刀槽的螺纹切削在斜线退刀时形成的退尾量。R 设定 Z 向退尾量，E 设定 X 向退尾量，根据螺纹标准，R 参数一般取 0.75~1.75 倍的螺距，E 参数取螺纹的牙型高。

I__：切削起点相对于切削终点的半径差，图 1-4-10 中为 $(X_B-X_C)/2$。

C__：螺纹的线数。C1 表示单线螺纹（可省略不写），C2 表示双线螺纹，C3 表示三线螺纹。

E1-4-3　G82 指令执行过程

F__：螺纹导程。

3. 螺纹切削复合循环指令 G76

（1）作用　螺纹切削复合循环指令可以完成一个螺纹段的全部加工任务。它的斜线进刀方法有利于改善刀具的切削条件，如图 1-4-11、图 1-4-12 所示。

（2）编程格式

G00 X_A Z_A　　　　　　　　　　　　（定位至循环起点 A）

G76 C(c) R(r) E(e) A(a) X(x) Z(z) I(i) K(k) U(d) V(Δd_{min}) Q(Δd) P(p) F(l)

（3）参数含义

c：车削次数，取值为 1~99 范围内的整数。

r：螺纹 Z 向退尾量。

e：螺纹 X 向退尾量。

a：螺纹牙型角，可在 80°、60°、55°、30°、29°、0°六种角度中选择。

x、z：螺纹切削终点的坐标，既可以用绝对坐标表示，也可以用增量坐标表示（u，w），G91 增量坐标下 x、z 参数表示螺纹切削终点相对于循环起点的有向距离。

i：螺纹切削起点相对于螺纹切削终点的半径差，即 $R_{起点}-R_{终点}$。

k：螺纹牙型高度（半径值）。

d：精加工余量（半径值）。

Δd_{min}：粗加工中最小背吃刀量（半径值），当第 n 次背吃刀量（$\Delta d\sqrt{n}-\Delta d\sqrt{n-1}$），小于 Δd_{min} 时，则背吃刀量设定为 Δd_{min}。

Δd：粗加工中第一次切削背吃刀量（半径值）。

p：主轴基准脉冲处距离螺纹切削始点的主轴转角。

l：螺纹导程（同 G32）。

（4）注意事项

G76 循环进行单边切削，减小了刀尖的受力。第一次切削时背吃刀量为 Δd，第 n 次的

切削总深度为 $\Delta d\sqrt{n}$，每次循环的背吃刀量为 $\Delta d(\sqrt{n}-\sqrt{n-1})$。

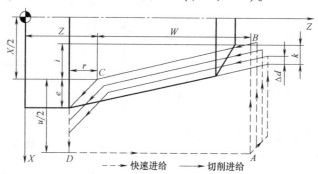

E1-4-4　G76 指令执行过程

图 1-4-11　螺纹切削复合循环指令编程

三、螺纹的检测

1. 塞规

螺纹塞规是测量内螺纹尺寸正确性的工具，如图 1-4-13 所示。

使用方法：

1) 先预测被测孔的直径，将最接近被测孔直径的塞规找出，并试着旋入被测孔。

2) 如果塞规能旋入，则再将大一个规格的塞规旋入试装，直到试出不能旋入的塞规，比此塞规小一个规格的塞规标值，即为此孔的孔径。

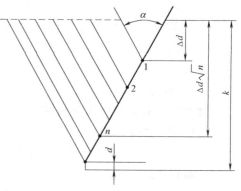

图 1-4-12　斜线进刀方式

3) 如果塞规不能旋入，则再将小一个规格的塞规旋入试装，直到试出能旋入的塞规，此塞规的标值即为被测孔的直径。

2. 环规

螺纹环规用来测量外螺纹尺寸的正确性，通端为一件，止端为一件，如图 1-4-14 所示。止端环规外圆柱面上有凹槽。

图 1-4-13　塞规

使用方法：

使用螺纹环规检测产品时要遵守"通规通、止规止"的准则。

1) 若通规不通过（拧不过去），说明螺纹中径大了，产品不合格。

2) 若止规通过，说明中径小了，产品不合格。

图 1-4-14　环规

3) 若通规可以在螺纹的任意位置转动自如，止规可拧 1~3 圈（有时还能多拧一两圈），但螺纹头部未出环规端面就拧不动了，这时说明检测的外螺纹中径正好在"公差带"内，是合格的产品。

3. 螺距规

螺距规是测量螺纹螺距的工具，如图 1-4-15 所示。

使用方法：

螺距规上标有螺距的标识，将螺距规放在被测螺纹上，能达到相互吻合且没有间隙的螺纹就是合适的，此时查看一下螺距规上的螺距数，该螺距数就是被测螺纹的螺距。

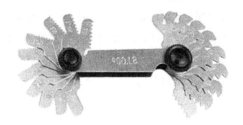

图 1-4-15　螺距规

一、加工准备

1. 机床选择

采用装有华中数控系统的数控车床。

2. 工具、量具及毛坯

完成本任务零件加工所需要的工具、刀具、量具及毛坯清单见表 1-4-3。

表 1-4-3　工具、刀具、量具及毛坯清单

序号	名称	规　　格	数量	备注
1	游标卡尺	0~150mm/0.02mm	1把	
2	外径千分尺	0~25mm/0.01mm	1把	
3	切槽刀	刀宽4mm	1把	
4	螺纹车刀	60°	1把	
5	螺纹环规	M16×2	1副	
6	毛坯	材料为45钢，尺寸为φ25mm×100mm	1根	
7	其他辅具	铜棒、铜皮、毛刷；计算器、相关指导书等	1套	选用

3. 工艺分析

自定心卡盘夹持毛坯 φ25mm 的外圆，伸出长度为 55mm。零件外螺纹数控加工工序卡见表 1-4-4。

表 1-4-4　零件外螺纹数控加工工序卡

数控加工工序卡		零件图号	零件名称		材料	设备
		—	外螺纹零件		45钢	数控车床
工步号	工步内容	刀具号	刀具名称	刀具规格	主轴转速/(r/min)	进给速度/(mm/min)	备注
1	车退刀槽	T02	切槽刀	刀宽4mm	500	50	已完成
2	精车外轮廓面	T03	螺纹刀	60°	300		

二、数控程序编制

1. 利用单行程螺纹切削指令 G32 编程

1) 确定切削次数及背吃刀量：已知螺纹规格 M16×2，查表 1-4-2，在"螺距"一行中找到"2"，随即得到切削次数为"5 次"，每次的背吃刀量（直径量）分别是 0.9mm、0.6mm、0.6mm、0.4mm 和 0.1mm。由此可确定每次切削起点的坐标。

2) 确定升速进刀段 δ_1 和降速退刀段 δ_2：取 $\delta_1 = 2$mm，$\delta_2 = 1$mm。

加工程序如下：

```
%0001
N1  T0303                        （选择螺纹车刀）
N2  M03 S300                     （主轴正转,转速 300r/min）
N3  G00 X18 Z2                   （快进至准备加工点）
N4  X15.1                        （快进至切削起点）
N5  G32 X15.1 Z-31 F2            （第一次车螺纹）
N6  G00 X18                      （退刀）
N7  Z2                           （返回至准备加工点）
N8  X14.5                        （快进至切削起点）
N9  G32 X14.5 Z-31 F2            （第二次车螺纹）
N10 G00 X18                      （退刀）
N11 Z2                           （返回至准备加工点）
N12 X13.9                        （快进至切削起点）
N13 G32 X13.9 Z-31 F2            （第三次车螺纹）
N14 G00 X18                      （退刀）
N15 Z2                           （返回至准备加工点）
N16 X13.5                        （快进至切削起点）
N17 G32 X13.5 Z-31 F2            （第四次车螺纹）
N18 G00 X18                      （退刀）
N19 Z2                           （返回至准备加工点）
N20 X13.4                        （快进至切削起点）
N21 G32 X13.4 Z-31 F2            （第五次车螺纹）
N22 G00 X18                      （退刀）
N23 Z2                           （返回至准备加工点）
N24 X13.4                        （快进至切削起点）
N25 G32 X13.4 Z-31 F2            （光整加工）
N26 G00 X18                      （退刀）
N27 X100 Z100                    （返回程序起点）
N28 M05                          （主轴停转）
N29 M30                          （程序结束并复位）
```

由本例可以看出，用 G32 指令加工螺纹，其进刀、退刀和返回的过程必须用 G00 指令另外指定，即每切削一次螺纹，程序中就有四行程序段相对应，比较烦琐，故 G32 指令一般很少使用。

2. 利用螺纹切削循环指令 G82 编程

%0002
N1 T0303　　　　　　　　　　　　　　　　　　　　　　　（选择螺纹车刀）
N2 M03 S300　　　　　　　　　　　　　　　　　　　（主轴正转,转速 300r/min）
N3 G00 X18 Z2　　　　　　　　　　　　　　　　　　　　（快进至循环起点）
N4 G82 X15.1 Z-31 F2　　　　　　　　　　　　　　　　　（第一次车螺纹）
N5 G82 X14.5 Z-31 F2　　　　　　　　　　　　　　　　　（第二次车螺纹）
N6 G82 X13.9 Z-31 F2　　　　　　　　　　　　　　　　　（第三次车螺纹）
N7 G82 X13.5 Z-31 F2　　　　　　　　　　　　　　　　　（第四次车螺纹）
N8 G82 X13.4 Z-31 F2　　　　　　　　　　　　　　　　　（第五次车螺纹）
N9 G82 X13.4 Z-31 F2　　　　　　　　　　　　　　　　　　（光整加工）
N10 X100 Z100　　　　　　　　　　　　　　　　　　　　（返回程序起点）
N11 M05　　　　　　　　　　　　　　　　　　　　　　　　（主轴停转）
N12 M30　　　　　　　　　　　　　　　　　　　　　　（程序结束并复位）

3. 利用螺纹切削复合循环指令 G76 编程

编程前首先需要确定以下参数：

1）螺距：$P=2$。

2）螺纹牙高：可根据螺距在表 1-4-2 中查得，即 1.299mm。

3）螺纹切削终点坐标：$X=d-2h=(16-2\times1.299)\mathrm{mm}=13.4\mathrm{mm}$，$Z=-(30+1)=-31\mathrm{mm}$。

加工程序如下：

%0003
N1 T0303　　　　　　　　　　　　　　　　　　　　　　　（选择螺纹车刀）
N2 M03 S300　　　　　　　　　　　　　　　　　　　（主轴正转,转速 300r/min）
N3 G00 X18 Z2　　　　　　　　　　　　　　　　　　　　（快进至循环起点）
N4 G76 C5 A60 X13.4 Z-31 K1.299 U0.1 V0.1 Q0.9 F2　　　　（车螺纹）
N5 G82 X13.4 Z-31 F2　　　　　　　　　　　　　　　　　　（光整加工）
N6 X100 Z100　　　　　　　　　　　　　　　　　　　　（返回程序起点）
N7 M05　　　　　　　　　　　　　　　　　　　　　　　　（主轴停转）
N8 M30　　　　　　　　　　　　　　　　　　　　　　（程序结束并复位）

对比本例采用 G32、G82 和 G76 三个指令编制的加工程序，螺纹切削循环指令 G82 的优点更为突出，因此螺纹加工常采用 G82 指令编程。

三、零件加工

1. 零件加工步骤

1）按照工具、刀具、量具及毛坯清单领取相应的工具、刀具、量具及毛坯。

2）开机上电，包括机床电源及操作面板电源。

E1-4-5　螺纹零件车削

3) 复位并返回机床参考点。
4) 装夹工件毛坯并找正。
5) 装夹刀具。
6) 对刀,建立工件坐标系。
7) 输入程序。
8) 校验程序。
9) 加工零件。
10) 测量零件。
11) 校正刀具磨损值。
12) 零件加工合格后,对机床进行相应的清理及保养。
13) 按照工具、刀具、量具清单归还相应的工具、刀具、量具。
14) 填写工作日志并关闭操作面板及机床电源。

2. 零件加工注意事项

1) 一定要严格按照以上步骤进行操作。
2) 切记先对刀,而后输入程序再进行程序校验。
3) 运行程序时先用单段方式进行,运行无误的情况下方可切换到自动运行模式。
4) 在加工过程中注意将防护罩关闭。
5) 出现紧急情况马上按下急停按钮。
6) 注意进给倍率的控制。

四、检查评价

数控车床在螺纹加工过程中可能会出现许多加工误差,常见的误差原因及解决方法见表1-4-5。

表1-4-5 螺纹加工常见误差分析

误差现象	产生原因	预防和消除
车削过程出现振动	1. 工件装夹不正确	1. 调整工件装夹,增加装夹刚度
	2. 刀具安装不正确	2. 调整螺纹刀安装位置
	3. 切削参数不正确	3. 提高或降低切削速度
螺纹表面质量差	1. 切削速度过低	1. 调高主轴转速
	2. 刀具中心过高	2. 调整刀具中心高度
	3. 切屑控制较差	3. 选择合理的进刀方式及背吃刀量
	4. 切削液选用不合理	4. 选择合适的切削液并充分喷注

加工完成后拆卸零件,用螺纹环规检测零件,并对零件进行去毛刺和尺寸检测,外螺纹零件加工检测评分表见表1-4-6。

表1-4-6 外螺纹零件加工检测评分表

项目	序号	技术要求	配分	评分标准	得分
程序与工艺（15%）	1	程序正确完整	5	不规范处每处扣1分	
	2	切削用量合理	5	不合理处每处扣1分	
	3	工艺过程规范合理	5	不合理处每处扣1分	

（续）

项目	序号	技术要求	配分	评分标准	得分
机床操作（15%）	4	刀具选择及安装正确	5	不正确处每处扣 1 分	
	5	机床操作规范	5	不规范处每处扣 1 分	
	6	对刀及工件坐标系设定正确	5	不正确处每处扣 1 分	
零件质量（45%）	7	零件形状正确	30	不合理处每处扣 2 分	
	8	尺寸精度符合要求	8	不正确处每处扣 1 分	
	9	无毛刺	7	出错全扣	
文明生产（15%）	10	安全操作	5	不合格不得分	
	11	机床维护与保养	5	不合格不得分	
	12	工作场所整理	5	不合格不得分	
相关知识及职业能力（10%）	13	数控加工机床知识	2	酌情给分	
	14	自学能力	2	酌情给分	
	15	表达及沟通能力	2	酌情给分	
	16	合作能力	2	酌情给分	
	17	创新能力	2	酌情给分	

 拓展训练

任务四　数控车削外螺纹零件

任务单见附录表 A-4。

任务二　内螺纹零件的加工

【工作任务】

内螺纹零件如图 1-4-16 所示，根据三角内螺纹的特点，制订加工方案，编制加工程序，利用数控车床进行内螺纹加工。该零件 M40 对应的内孔已加工完毕，选用如图 1-4-17 所示的内螺纹车刀，编制 M40×1.5 螺纹的加工程序。

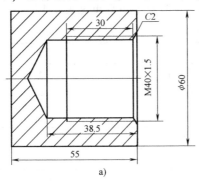

图 1-4-16　内螺纹零件

a）平面图　b）三维图

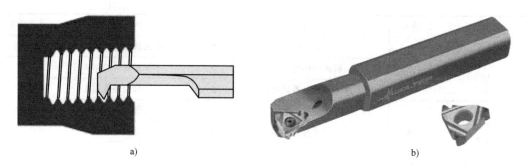

图 1-4-17 内螺纹车刀

a）整体式　b）装夹式

【知识目标】

1. 能够编制内螺纹的加工程序。
2. 掌握螺纹塞规的使用方法。

【能力目标】

1. 掌握内螺纹的加工方法。
2. 能够熟练运用螺纹塞规检测内螺纹是否合格。

知识链接

内螺纹牙型槽底为圆弧形，如螺纹牙型槽底形状没有特殊规定，车制时可以削平或倒圆。

任务实施

一、加工准备

1. 机床选择

采用装有华中数控系统的数控车床。

2. 工具、量具及毛坯

完成本任务零件加工所需要的工具、刀具、量具及毛坯清单见表1-4-7。

表1-4-7 工具、刀具、量具及毛坯清单

序号	名称	规　　格	数量	备注
1	游标卡尺	0~150mm/0.02mm	1把	
2	内径千分尺	25~50mm/0.01mm	1把	
3	螺纹塞规	M40×1.5	1副	
4	内螺纹车刀	刀尖角60°	1把	
5	内径车刀		1把	
6	麻花钻	φ20mm	1根	
7	毛坯	45钢,尺寸为φ60mm×55mm	1根	
8	其他辅具	铜棒、铜皮、毛刷;计算器、相关指导书等	1套	选用

3. 工艺分析

零件内螺纹数控加工工序卡见表 1-4-8。

表 1-4-8 零件内螺纹数控加工工序卡

数控加工工序卡		零件图号	零件名称		材料	设备	
		—	内螺纹零件		45 钢	数控车床	
工步号	工步内容	刀具号	刀具名称	刀具规格	主轴转速/(r/min)	进给速度/(mm/min)	备注
1	钻 ϕ20mm×40mm 的内孔		麻花钻	ϕ20mm			手动
2	车 ϕ38mm×38.5mm 的内孔	T01	内径车刀		600	80	已完成
3	车 M40×1.5 内螺纹	T03	内螺纹车刀		500		

二、数控程序编制

内螺纹加工方法与外螺纹加工方法相似，只是在编程时刀具起点的 X 坐标不一样，外螺纹加工起点（G00 定位）比终点坐标大，内螺纹加工起点比终点坐标小（小于底孔的值）。

加工程序如下：

T0303　　　　　　　　　　　　　　　　　　　　　　　（选择内螺纹车刀）
N1 G00 X37 Z4　　　　　　　　　　　　　　　　　　　（快进至准备加工点）
N2 G82 X38.84 Z-30 F1.5　　（第一次车螺纹，为防止退刀变形可以根据情况设定 Z-32）
N3 X39.44　　　　　　　　　　　　　　　　　　　　　（第二次车螺纹）
N4 X39.84　　　　　　　　　　　　　　　　　　　　　（第三次车螺纹）
N5 X40　　　　　　　　　　　　　　　　　　　　　　　（第四次车螺纹）
N6 X40　　　　　　　　　　　　　　　　　　　　　　　（光整加工）
N7 G00 X100 Z120　　　　　　　　　　　　　　　　　　（退刀）

三、零件加工

1. 零件加工步骤

1) 按照工具、刀具、量具及毛坯清单领取相应的工具、刀具、量具及毛坯。
2) 开机上电，包括机床电源及操作面板电源。
3) 复位并返回机床参考点。
4) 装夹工件毛坯。
5) 装夹刀具并找正。
6) 对刀，建立工件坐标系。
7) 输入程序。
8) 校验程序。
9) 加工零件。

10）测量零件。

11）分析误差产生原因。

12）零件加工合格后，对机床进行相应的清理及保养。

13）按照工具、刀具、量具清单归还相应的工具、刀具、量具。

14）填写工作日志并关闭操作面板及机床电源。

2. 零件加工注意事项

1）一定要严格按照以上步骤进行操作。

2）切记先对刀，而后输入程序再进行程序效验。

3）运行程序时先用单段方式进行，运行无误后方可切换到自动运行模式。

4）在工件加工过程中注意将防护罩关闭。

5）出现紧急情况马上按下急停按钮。

6）注意进给倍率的控制。

四、检查评价

加工完成后，对零件进行去毛刺和尺寸检测，内螺纹零件加工检测评分表见表 1-4-9。

表 1-4-9 内螺纹零件加工检测评分表

项目	序号	技术要求	配分	评分标准	得分
程序与工艺（15%）	1	程序正确完整	5	不规范处每处扣 1 分	
	2	切削用量合理	5	不合理处每处扣 1 分	
	3	工艺过程规范合理	5	不合理处每处扣 1 分	
机床操作（15%）	4	刀具选择及安装正确	5	不正确处每处扣 1 分	
	5	机床操作规范	5	不规范处每处扣 1 分	
	6	对刀及工件坐标系设定正确	5	不正确处每处扣 1 分	
零件质量（45%）	7	零件形状正确	30	不合理处每处扣 2 分	
	8	尺寸精度符合要求	8	不正确处每处扣 1 分	
	9	无毛刺	7	出错全扣	
文明生产（15%）	10	安全操作	5	不合格不得分	
	11	机床维护与保养	5	不合格不得分	
	12	工作场所整理	5	不合格不得分	
相关知识及职业能力（10%）	13	数控加工机床知识	2	酌情给分	
	14	自学能力	2	酌情给分	
	15	表达及沟通能力	2	酌情给分	
	16	合作能力	2	酌情给分	
	17	创新能力	2	酌情给分	

拓展训练

任务五　数控车削内螺纹零件

任务单见附录表 A-5。

项目五
轴套类零件的加工

项目描述

本项目要求加工通孔类零件和不通孔类零件,通过学习,应掌握轴套类零件加工的工艺分析方法,能正确选用加工轴套类零件的刀具,掌握轴套类零件加工方法及尺寸控制方法。

任务一 通孔类零件的加工

【工作任务】

通孔类零件如图1-5-1所示,利用HNC-818A数控车床进行通孔类零件加工,不要求切断。毛坯为 $\phi 60mm \times 45mm$ 的45钢。

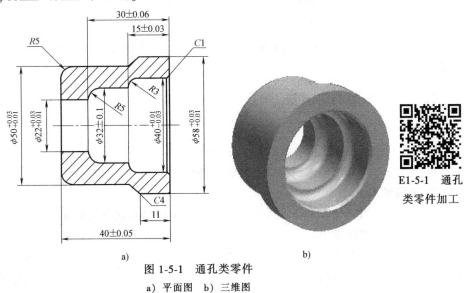

图1-5-1 通孔类零件
a) 平面图 b) 三维图

E1-5-1 通孔类零件加工

【知识目标】

1. 掌握复合循环指令G71加工内孔的方法及应用。
2. 掌握通孔加工刀具选择。
3. 掌握通孔加工工艺分析方法。

【能力目标】

1. 会用中心钻、钻头钻孔。

2. 熟练掌握内孔车刀的对刀方法。

3. 熟练掌握内孔加工方法。

4. 熟练掌握内轮廓尺寸控制方法。

5. 能够利用磨损补偿进行尺寸精度控制。

一、内轮廓加工工艺特点

1) 零件的内轮廓一般都要求具有较高的尺寸精度、较小的表面粗糙度和较高的几何精度。在车削轴套类零件时,关键是要保证几何精度要求。

2) 内轮廓加工工艺常采用"钻→粗车(镗)→精车"的加工方式,孔径较小时可采用手动方式或 MDI 方式进行"钻→铰"加工。

3) 工件精度要求较高时,按粗、精加工交替进行内、外轮廓切削,以保证几何精度。

4) 较窄内槽采用等宽内槽切刀一刀或两刀切出(槽深时,中间退一刀,有利于断屑和排屑),宽内槽多采用内槽切刀多次切削,成形后再精车一刀。

5) 内轮廓加工刀具受孔径和孔深的限制,刀杆细而长、刚性差、切削条件差,切削用量较切削外轮廓时应得小些(是切削外轮廓时的 30%~50%)。但因孔径较外轮廓直径小,实际主轴转速可能会比切削外轮廓时大。

6) 内轮廓切削时切削液不易进入切削区域,切屑不易排出,切削温度可能会较高,镗深孔时可以采用工艺性退刀,以促进切屑排出。

7) 内轮廓切削时切削区域不易观察,加工精度不易控制,大批量生产时测量次数需安排多一些。

二、内孔车刀对刀方法

1. X 向对刀

用内孔车刀试车一个内孔,长度为 3~5mm,然后沿 +Z 方向退出刀具,停止车床运行,测量内孔直径,将其值输入到相应刀具长度补偿中。

2. Z 向对刀

移动内孔车刀,使刀尖与工件右端面平齐(可借助金属直尺确定),然后将位置数据输入到相应刀具长度补偿中。

外圆车刀对刀方法如前所述。采用中心钻、麻花钻,只需 Z 向对刀即可,分别将中心钻、麻花钻钻尖与工件右端面对齐,再将其位置数据输入到相应刀具长度补偿中。如果采用手动方式钻中心孔、钻孔,则中心钻与麻花钻不需要对刀。

一、加工准备

1. 机床选择

采用装有华中数控系统的数控车床。

2. 工具、量具及毛坯

完成本任务零件加工所需要的工具、刀具、量具及毛坯清单见表 1-5-1。

表 1-5-1 工具、刀具、量具及毛坯清单

序号	名称	规 格	数量	备注
1	游标卡尺	0~150mm/0.02mm	1把	
2	外径千分尺	0~25mm/0.01mm,25~50mm/0.01mm,50~75mm/0.01mm	各1把	
3	百分表	0~10mm/0.01mm	1把	
4	内径百分表	35~50mm/0.01mm	1把	
5	表面粗糙度样板		1套	
6	外圆车刀	90°	1把	
7	内孔车刀(通孔车刀)	主偏角小于90°	1把	
8	中心钻	A3	1把	
9	麻花钻	Φ20mm	1把	
10	毛坯	45钢,尺寸为 φ60mm×45mm	1根	
11	自定心卡盘		1个	
12	卡盘扳手		1副	
13	刀架扳手		1副	
14	垫刀片		若干块	
15	划线盘		1个	
16	磁性表座		1个	
17	钻夹头		1个	

3. 工艺分析

(1) 选择工具、量具、刀具

1) 工具选择。45钢毛坯棒装夹在自定心卡盘上,用划线盘找正并夹紧,调头装夹时用百分表找正。

2) 量具选择。外径、长度精度要求较高,选用 0~150mm 游标卡尺及外径千分尺测量;内孔用百分表测量;表面粗糙度用表面粗糙度样板比对。

3) 刀具选择。选择外圆车刀车外圆、端面;采用内孔车刀车内孔。本任务是加工通孔,可选择主偏角小于90°的通孔车刀。常用内孔车刀的结构形状如图 1-5-2 所示。

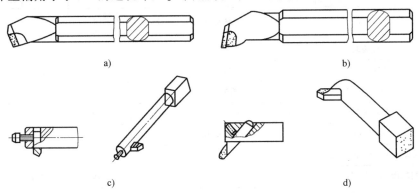

图 1-5-2 内孔车刀
a) 整体式通孔车刀 b) 整体式不通孔车刀 c) 装夹式通孔车刀 d) 装夹式不通孔车刀

此外，车削内孔前还需用中心钻钻中心孔，并用麻花钻钻孔。中心钻与麻花钻结构形状如图1-5-3和图1-5-4所示。

图1-5-3 中心钻

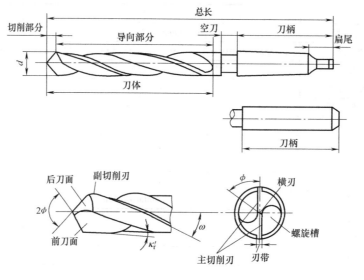

图1-5-4 麻花钻

（2）分析

1）粗车工件端面、钻中心孔。用φ20mm麻花钻钻孔，对外圆轮廓进行粗、精加工，调头装夹工件，用百分表找正。若手动钻中心孔、钻孔，只需编写车外圆程序即可，程序名为"%0001"。

2）调头装夹后，用百分表找正，手动车削端面，控制工件总长至要求尺寸。车外圆及内孔程序名为"%0002"。

（3）通孔类零件数控加工工序卡（表1-5-2）

表1-5-2 通孔类零件数控加工工序卡

数控加工工序卡		零件图号	零件名称	材料	设备
		—	通孔类零件	45钢	数控车床
工步号	工步内容	刀具号	刀具名称	刀具规格	主轴转速/(r/min)	进给量/(mm/r)	备注
1	车削右端面	T01	外圆车刀	90°	600	0.1	手动
2	钻中心孔		中心钻		800	0.15	手动
3	钻φ20mm内孔		麻花钻		600	0.15	手动
4	粗车外圆轮廓面	T01	外圆车刀	90°	500	0.15	
5	精车外圆轮廓面	T02	外圆车刀	90°	1000	0.1	
6	调头装夹工件及找正						
7	车削端面,保证工件总长	T01	外圆车刀	90°	1000	0.1	手动
8	粗加工内轮廓	T04	内孔车刀		800		
9	精加工内轮廓	T04	内孔车刀		1000	0.1	

二、数控程序编制

%0001   (程序名)

N50 G00 G40 G97 G95 M03 S500 F0.15 X100 Z100 T0101

    (选择1号外圆车刀、取消刀补,指定主轴恒转速,进给量为0.15mm/r)

N60 G42 G00 X63 Z3 D01　　　　　　　　　　　(建立刀补,定位至准备加工点)

N70 G71 U1 R1 P80 Q110 X0.2 Z0.1　　　　　　(设置循环参数,调用粗加工循环)

N80 G01 X40 Z0

N90 G03 X50 Z-5 R5

N100 G01 X50 Z-25

N110 G01 X58 Z-29　　　　　　　　　　　　　　　　　　(精加工程序段)

N120 G40 G00 X100　　　　　　　　　　　　　　　　　　(取消刀补)

N130 G00 Z100　　　　　　　　　　　　　　　　　　　　(退刀)

N140 M05　　　　　　　　　　　　　　　　　　　　　　(主轴停转)

N150 M30　　　　　　　　　　　　　　　　　　　　　　(程序结束并复位)

%0002   (程序名)

N10 G00 G40 G97 G95 M03 S500 F0.15 X100 Z100 T0101

    (选择1号外圆车刀、取消刀补,指定主轴恒转速,进给量为0.15mm/r)

N20 G42 G00 X63 Z3 D01　　　　　　　　　　　(建立刀补,定位至准备加工点)

N30 G71 U1 R1 P40 Q50 X0.2 Z0.1　　　　　　(设置循环参数,调用粗加工循环)

N40 G01 X58 Z0

N50 G01 X58 Z-12　　　　　　　　　　　　　　　　　(精加工轮廓程序段)

N60 G40 G00 X100　　　　　　　　　　　　　　　　　(取消刀补)

N70 G00 Z100　　　　　　　　　　　　　　　　　　　(退刀)

N80 M05　　　　　　　　　　　　　　　　　　　　　(主轴停转)

N90 G00 G40 G97 G95 M03 S800 F0.1 X100 Z100 T0404

    (选择4号内孔车刀、取消刀补,指定主轴恒转速,进给量为0.1mm/r)

N100 G41 G00 X19 Z3 D04　　　　　　　　　　(建立刀补,定位至准备加工点)

N110 G71 U1 R1 P120 Q180 X-0.1 Z0.1　　(设置循环参数,调用内轮廓粗加工循环)

N120 G01 X42 Z0

N130 G01 X42 Z-12

N140 G03 X34 Z-15 R3

N150 G01 X32 Z-15

N160 G01 X32 Z-25

N170 G03 X22 Z-30 R5

N180 G01 X22 Z-41　　　　　　　　　　　　　　　　　(精加工轮廓程序段)

N190 G01 G40 X19

N200 G00 Z100　　　　　　　　　　　　　　　　　　　　　　　（退刀）
N210 M05　　　　　　　　　　　　　　　　　　　　　　　　（主轴停转）
N220 M30　　　　　　　　　　　　　　　　　　　　　（程序结束并复位）

三、零件加工

1. 零件加工步骤

1）按照工具、刀具、量具及毛坯清单领取相应的工具、刀具、量具及毛坯。

2）开机上电，包括机床电源及操作面板电源。

3）装夹工件毛坯。

4）装夹刀具并找正。

5）对刀，建立工件坐标系。

6）输入程序。

7）校验程序。

8）加工零件。

9）测量零件。

10）校正刀具磨损值。

11）零件加工合格后，对机床进行相应的清理及保养。

12）按照工具、刀具、量具清单归还相应的工具、刀具、量具。

13）填写工作日志并关闭操作面板及机床电源。

2. 零件加工注意事项

1）一定要严格按照以上步骤进行操作。

2）切记先对刀，而后输入程序再进行程序校验。

3）运行程序时先用单段方式进行，起刀点或循环起点无误的情况下方可切换到自动运行模式。

4）在加工过程中注意将防护罩关闭。

5）出现紧急情况马上按下急停按钮。

6）注意进给倍率的控制。

四、检查评价

加工完成后对零件进行去毛刺和尺寸检测，通孔类零件加工检测评分表见表1-5-3。

表1-5-3　通孔类零件加工检测评分表

项目	序号	技术要求	配分	评分标准	得分
程序与工艺（15%）	1	程序正确完整	5	不规范处每处扣1分	
	2	切削用量合理	5	不合理处每处扣1分	
	3	工艺过程规范合理	5	不合理处每处扣1分	
机床操作（15%）	4	刀具选择及安装正确	5	不正确处每处扣1分	
	5	机床操作规范	5	不规范处每处扣1分	
	6	对刀及工件坐标系设定正确	5	不正确处每处扣1分	

(续)

项目	序号	技术要求	配分	评分标准	得分
零件质量 （45%）	7	零件形状正确	30	不合理处每处扣2分	
	8	尺寸精度符合要求	8	不正确处每处扣1分	
	9	无毛刺	7	出错全扣	
文明生产 （15%）	10	安全操作	5	不合格不得分	
	11	机床维护与保养	5	不合格不得分	
	12	工作场所整理	5	不合格不得分	
相关知识及 职业能力 （10%）	13	数控加工机床知识	2	酌情给分	
	14	自学能力	2	酌情给分	
	15	表达及沟通能力	2	酌情给分	
	16	合作能力	2	酌情给分	
	17	创新能力	2	酌情给分	

拓展训练

任务六　数控车削轴套类零件

任务单见附录表 A-6。

任务二　不通孔类零件的加工

【工作任务】

阶梯不通孔类零件如图 1-5-5 所示，利用装有 HNC-818A 数控系统的车床进行零件加工，不要求切断。毛坯为 $\phi50\text{mm}\times43\text{mm}$ 的 45 钢。

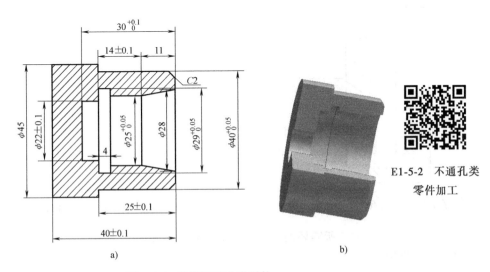

E1-5-2　不通孔类零件加工

图 1-5-5　阶梯不通孔类零件

a）平面图　b）三维图

【知识目标】

1. 能正确选用不通孔车刀、内沟槽车刀。
2. 掌握不通孔加工刀具的选择方法。
3. 掌握不通孔加工工艺分析方法。
4. 掌握常见内槽的检测方法。

【能力目标】

1. 能熟练进行内孔车刀、内沟槽车刀的对刀。
2. 熟练掌握内沟槽加工方法。
3. 熟练掌握阶梯孔、不通孔类零件的尺寸控制方法。

一、加工准备

1. 机床选择

采用装有华中数控系统的数控车床。

2. 工具、量具、刀具选择

（1）工具选择　45钢毛坯棒装夹在自定心卡盘上，用划线盘找正并夹紧，调头装夹时用百分表找正。

（2）量具选择　外径、长度精度要求较高，选用0～150mm游标卡尺及外径千分尺测量；内孔用百分表测量；内沟槽可用样板检测；表面粗糙度用表面粗糙度样板比对。

（3）刀具选择　选择外圆车刀车外圆、端面；采用内孔车刀车内孔。本任务是加工不通孔，可选择主偏角大于90°的通孔车刀，此外，刀尖到刀背距离小于内孔半径才能车平底孔，如图1-5-6所示。内沟槽用内沟槽刀切削，刀头宽度可等于槽宽，形状如图1-5-7所示。车内孔前还需用中心钻及麻花钻钻孔，内孔孔径为20mm，可选用规格为18mm的麻花钻。

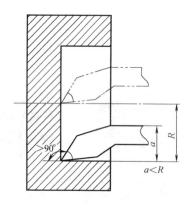

图1-5-6　不通孔车刀角度及尺寸要求

图1-5-7　内沟槽刀

完成本任务零件加工所需要的工具、刀具、量具清单见表1-5-4。

3. 工艺分析

依次车削工件外圆、端面，手动钻中心孔、钻孔，粗、精加工内轮廓，车内沟槽；手动调头装夹，用百分表找正，控制总长，手动倒角。加工内孔时，若工作条件不利，加上刀柄刚性差，容易出现振动，因此，切削用量选小一些。

阶梯不通孔类零件数控加工工序卡见表1-5-5。

表1-5-4　工具、刀具、量具清单

序号	名称	规　格	数量	备注
1	游标卡尺	0~150mm/0.02mm	1把	
2	外径千分尺	25~50mm/0.01mm	1把	
3	百分表	0~35mm/0.01mm	1把	
4	内径百分表	18~35mm/0.01mm	1把	
5	表面粗糙度样板		1套	
6	外圆车刀	90°	1把	
7	内孔粗车刀	主偏角小于等于90°	1把	
8	内孔精车刀	主偏角大于90°		
9	内沟槽刀	刀宽4mm	1把	
10	切断刀	刀宽5mm	1把	
11	中心钻	A3	1把	
12	麻花钻	ϕ18mm	1把	
13	自定心卡盘		1个	
14	卡盘扳手		1副	
15	刀架扳手		1副	
16	垫刀片		若干块	
17	划线盘		1个	
18	磁性表座		1个	
19	钻夹头		1个	

表1-5-5　阶梯不通孔类零件数控加工工序卡

工步号	工步内容	刀具号	切削用量		
			背吃刀量/mm	进给量/(mm/r)	主轴转速/(r/min)
1	车削左端面	T01	1~2	0.2	600
2	钻中心孔(手动或自动)	T02	1.5	0.1	800
3	钻ϕ18mm内孔(手动或自动)	T03	9	0.2	600
4	粗加工外轮廓	T01	1~2	0.2	600
5	精加工外轮廓	T01	0.2	0.1	800
6	粗加工内轮廓	T04	1~2	0.15	600
7	精加工内轮廓至尺寸	T05	1~2	0.08	800
8	车沟槽至尺寸	T06		0.08	300
9	车削工件右端面,保证工件总长	T01		0.3	500
10	手动倒角	T08		0.2	600

二、数控程序编制

%0001 （程序名）

N10 G00 G40 G97 G95 M03 S600 F0.2 X100 Z100 T0101
　　　　　（选择1号外圆车刀、取消刀补,指定主轴恒转速,进给量为0.2mm/r）

N20 G42 G00 X46 Z3 D01　　　　　（建立刀补,定位至准备加工点）

N30 G71 U1 R1 P40 Q50 X0.1 Z0.1　　（设置循环参数,调用粗加工循环）

N40 G01 X45 Z0

N50 G01 X45 Z-17　　　　　　　　（精加工程序段）

N60 G40 G00 X100　　　　　　　　（取消刀补）

N70 G00 Z100　　　　　　　　　　（退刀）

N80 M05　　　　　　　　　　　　（主轴停转）

N90 M30　　　　　　　　　　　　（程序结束并复位）

%0002 （程序名）

N10 G00 G40 G97 G95 M03 S600 F0.2 X100 Z100 T0101
　　　　　（选择1号外圆车刀、取消刀补,指定主轴恒转速,进给量为0.2mm/r）

N20 G42 G00 X46 Z3 D01　　　　　（建立刀补,定位至准备加工点）

N30 G71 U1 R1 P40 Q70 X0.1 Z0.1　　（设置循环参数,调用粗加工循环）

N40 G01 X36 Z0

N50 G01 X40 Z-2

N60 G01 X40 Z-25

N70 G01 X45 Z-25　　　　　　　　（精加工程序段）

N80 G40 G00 X100　　　　　　　　（取消刀补）

N90 G00 Z100　　　　　　　　　　（退刀）

N100 G00 G40 G97 G95 M03 S600 F0.15 X100 Z100 T0404
　　　　　（选择4号通孔车刀、取消刀补,指定主轴恒转速,进给量为0.15mm/r）

N110 G41 G00 X19 Z3 D04　　　　　（建立刀补,定位至准备加工点）

N120 G71 U1 R1 P130 Q170 X-0.2 Z0　（设置循环参数,调用内轮廓粗加工循环）

N130 G01 X29 Z0

N140 G01 X25 Z-11

N150 G01 X25 Z-25

N160 G01 X22 Z-25

N170 G01 X22 Z-30　　　　　　　　（精加工程序段）

N180 G40 G01 X19

N190 G00 Z100　　　　　　　　　　（退刀）

N200 M05　　　　　　　　　　　　（主轴停转）

N210 G00 G40 G97 G95 M03 S600 F0.2 X100 Z100 T0303
　　　　　　　　　（选择3号内孔槽刀、取消刀补,指定主轴恒转速,进给量为0.2mm/r）
N130 G00 X19 Z3　　　　　　　　　　　　　　　　　　　　（定位至准备加工点）
N140 G01 X19
N150 G01 Z-25
N160 G01 X29 Z-25
N170 G01 X19　　　　　　　　　　　　　　　　　　　　　　　　　　　　（退刀）
N180 G00 Z100
N190 M05
N200 M30　　　　　　　　　　　　　　　　　　　　　　　　　　（程序结束并复位）

三、零件加工

1. 零件加工步骤

1) 按照工具、刀具、量具清单领取相应的工具、刀具、量具。
2) 开机上电,包括机床电源及操作面板电源。
3) 装夹工件毛坯。
4) 装夹刀具并找正。
5) 对刀,建立工件坐标系。
6) 输入程序。
7) 校验程序。
8) 加工零件。
9) 测量零件。
10) 校正刀具磨损值。
11) 零件加工合格后,对机床进行相应的清理及保养。
12) 按照工具、刀具、量具清单归还相应的工具、刀具、量具。
13) 填写工作日志并关闭操作面板及机床电源。

2. 零件加工注意事项

1) 一定要严格按照以上步骤进行操作。
2) 切记先对刀,而后输入程序再进行程序校验。
3) 运行程序时先用单段方式进行,起刀点或循环起点无误的情况下方可切换到自动运行模式。
4) 在加工过程中注意将防护罩关闭。
5) 出现紧急情况马上按下急停按钮。
6) 注意进给倍率的控制。

四、检查评价

加工完成后对零件进行去毛刺和尺寸检测,不通孔类零件加工检测评分表见表1-5-6。

表 1-5-6　阶梯不通孔类零件加工检测评分表

项目	序号	技术要求	配分	评分标准	得分
程序与工艺（15%）	1	程序正确完整	5	不规范处每处扣1分	
	2	切削用量合理	5	不合理处每处扣1分	
	3	工艺过程规范合理	5	不合理处每处扣1分	
机床操作（15%）	4	刀具选择及安装正确	5	不正确处每处扣1分	
	5	机床操作规范	5	不规范处每处扣1分	
	6	对刀及工件坐标系设定正确	5	不正确处每处扣1分	
零件质量（45%）	7	零件形状正确	30	不合理处每处扣2分	
	8	尺寸精度符合要求	8	不正确处每处扣1分	
	9	无毛刺	7	出错全扣	
文明生产（15%）	10	安全操作	5	不合格不得分	
	11	机床维护与保养	5	不合格不得分	
	12	工作场所整理	5	不合格不得分	
相关知识及职业能力（10%）	13	数控加工机床知识	2	酌情给分	
	14	自学能力	2	酌情给分	
	15	表达及沟通能力	2	酌情给分	
	16	合作能力	2	酌情给分	
	17	创新能力	2	酌情给分	

拓展训练

任务七　数控车削不通孔零件

任务单见附录表 A-7。

项目六
综合零件数控车削加工

项目描述

本项目对中等复杂零件、复杂零件及轴类配合零件进行加工，从而巩固数控车床程序的编制方法，熟悉零件加工需要的工具、刀具、量具、辅具的使用，掌握综合零件数控加工工艺分析、工艺卡的制作及各参数的选择，并能熟练操作数控车床并加工出合格的工件。

任务一 中等复杂零件的加工

【工作任务】

中等复杂零件如图1-6-1所示，利用装有HNC-818A数控系统的车床进行中等复杂零件加工，单件生产。毛坯为φ40mm×120mm的45钢。

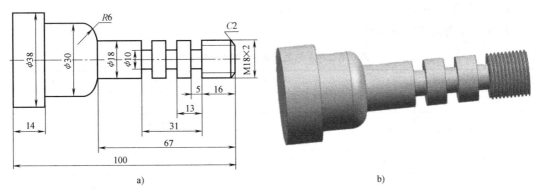

图1-6-1 中等复杂零件
a）平面图 b）三维图

任务实施

一、加工准备

1. 机床选择

采用装有华中数控系统的数控车床。

2. 工具、量具及毛坯

完成本任务零件加工所需要的工具、刀具、量具及毛坯清单见表1-6-1。

表1-6-1 工具、刀具、量具及毛坯清单

序号	名称	规格	数量	备注
1	游标卡尺	0~150mm/0.02mm	1把	
2	外径千分尺	0~25mm/0.01mm,25~50mm/0.01mm	各1把	
3	外圆车刀	93°	1把	
4	切槽刀	刀宽5mm	1把	
5	螺纹车刀		1把	
6	工具	卡盘扳手、刀架扳手	各1套	
7	毛坯	材料为45钢,尺寸为$\phi 40mm \times 120mm$	1根	
8	其他辅具	铜棒、铜皮、毛刷;计算器、相关指导书等	1套	选用

3. 工艺分析

该零件为单件生产,右端面可在手动对刀时手动完成加工。如图1-6-1所示,根据零件图分析加工工艺路线:

1)选择1号外圆车刀,采用G71粗车复合循环指令切削加工外圆部分,其加工路线为:车削C2倒角→车削$\phi 18mm$外圆→车削R6mm圆弧→车削$\phi 30mm$外圆→车削$\phi 38mm$外圆;所留精车余量为X方向0.4mm、Z方向0.2mm。

2)选择2号切槽刀,利用子程序编程,切削$5mm \times \phi 10mm$的退刀槽,刀宽为5mm。

3)选择3号螺纹刀,加工M18×2外螺纹。

4)零件加工完毕后,再利用2号切槽刀进行切断。

综上,中等复杂零件数控加工工序卡见表1-6-2。

表1-6-2 中等复杂零件数控加工工序卡

数控加工工序卡		零件图号	零件名称		材料	设备	
		—	中等复杂零件		45钢	数控车床	
工步号	工步内容	刀具号	刀具名称	刀具规格	主轴转速/(r/min)	进给速度/(mm/min)	备注
1	粗车外轮廓面	T01	外圆车刀	93°	500	150	
2	精车外轮廓面	T01	外圆车刀	93°	1000	80	
3	切槽	T02	切槽刀	刀宽5mm	450	50	
4	加工外螺纹	T03	螺纹刀		300		
5	切断	T02	切槽刀	刀宽5mm	400	40	自动

二、数控程序编制

工件坐标系原点设定在图1-6-1所示工件右端面中点。中等复杂零件的数控加工程序为:

%0001 (程序名)

N1 T0101 (选择1号外圆车刀,设立工件坐标系)

N2 M03 S500 F150 (主轴正转,转速500r/min,进给速度150mm/min)

N3 G00 X40 Z3   （快进至循环起点）
N4 G71 U1.5 R1 P5 Q12 X0.4 Z0.2   （粗加工,进给速度为150mm/min）
N5 G00 X8   （精加工第一步,快速移动至加工起点,倒角C2的延长线）
N6 G01 X18 Z-2 F80   （倒角,精加工时进给速度为80mm/min）
N7 Z-67   （切削ϕ18mm 外圆）
N8 G03 X30 Z-73 R6   （切削R6mm 圆弧）
N9 G01 Z-86   （切削ϕ30mm 外圆）
N10 X38   （切削ϕ38mm 外圆右端面）
N11 Z-105   （切削ϕ38mm 外圆）
N12 G00 X40   （X方向退刀）
N13 X100 Z100   （X、Z方向同时退刀,返回至换刀点位置）
N14 T0202   （选择2号切槽刀）
N15 M03 S450 F50   （主轴正转,转速450r/min,进给速度50mm/min）
N16 G00 X20 Z-8   （快进至加工起点）
N17 M98 P0002 L3   （调用子程序3次,共切3个槽）
N18 G90 G00 X100 Z100   （转为绝对编程方式,返回换刀点位置）
N19 T0303   （选择3号螺纹刀）
N20 M03 S300   （主轴正转,转速300r/min）
N21 G00 X20 Z2   （快进至循环起点）
N22 G82 X17.1 Z-18 F2   （第一次车削螺纹）
N23 G82 X16.5 Z-18 F2   （第二次车削螺纹）
N24 G82 X15.9 Z-18 F2   （第三次车削螺纹）
N25 G82 X15.5 Z-18 F2   （第四次车削螺纹）
N26 G82 X15.4 Z-18 F2   （第五次车削螺纹）
N27 G82 X15.4 Z-18 F2   （螺纹光整加工）
N28 G00 X100 Z100   （返回换刀点位置）
N29 T0202   （选择2号切槽刀）
N30 M03 S400   （主轴正转,转速400r/min）
N31 G00 X40 Z-105   （快进至切断起始位置）
N32 G01 X-1 F40   （切断工件）
N33 G00 X100 Z100   （退刀）
N34 M05   （主轴停转）
N35 M30   （程序结束并复位）

%0002   （子程序名）
N36 G91 G01 Z-13   （子程序应用增量编程,刀具移至第一个槽左端）
N37 X-10   （切槽）
N38 G04 P2   （槽底停留2s,以达到光整目的）
N39 G01 X10   （刀具从槽底退至工件外面）
N40 M99   （子程序结束,返回主程序）

三、零件加工

1. 零件加工步骤

1）按照工具、刀具、量具及毛坯清单领取相应的工具、刀具、量具及毛坯。
2）开机上电，包括机床电源及操作面板电源。
3）复位并返回机床参考点。
4）装夹工件毛坯。
5）装夹刀具并找正。
6）对刀，建立工件坐标系。
7）输入程序。
8）校验程序。
9）加工零件。
10）测量零件。
11）校正刀具磨损值。
12）零件加工合格后，对机床进行相应的清理及保养。
13）按照工具、刀具、量具清单归还相应的工具、刀具、量具。
14）填写工作日志并关闭操作面板及机床电源。

2. 零件加工注意事项

1）一定要严格按照以上步骤进行操作。
2）切记先对刀，而后输入程序再进行程序校验。
3）运行程序时先用单段方式进行，起刀点或循环起点无误的情况下方可切换到自动运行模式。
4）在加工过程中注意将防护罩关闭。
5）出现紧急情况马上按下急停按钮。
6）注意进给倍率的控制。

四、检查评价

加工完成后对零件进行去毛刺和尺寸检测，中等复杂零件加工检测评分表见表1-6-3。

表1-6-3　中等复杂零件加工检测评分表

项目	序号	技术要求	配分	评分标准	得分
程序与工艺（15%）	1	程序正确完整	5	不规范处每处扣1分	
	2	切削用量合理	5	不合理处每处扣1分	
	3	工艺过程规范合理	5	不合理处每处扣1分	
机床操作（20%）	4	刀具选择及安装正确	5	不正确处每处扣1分	
	5	机床操作规范	5	不规范处每处扣1分	
	6	对刀及工件坐标系设定正确	5	不正确处每处扣1分	
	7	零件形状正确	5	不合理处每处扣2分	

（续）

项目	序号	技术要求	配分	评分标准	得分
零件质量 （35%）	8	保证尺寸 Φ18mm	6	不正确处每处扣1分	
	9	保证尺寸 Φ30mm	6	不正确处每处扣1分	
	10	保证尺寸 Φ38mm	6	不正确处每处扣1分	
	11	保证长度 67mm	6	不正确处每处扣1分	
	12	保证尺寸 14mm	6	不正确处每处扣1分	
	13	无毛刺	5	出错全扣	
文明生产 （15%）	14	安全操作	5	不合格不得分	
	15	机床维护与保养	5	不合格不得分	
	16	工作场所整理	5	不合格不得分	
相关知识及 职业能力 （15%）	17	数控加工机床知识	3	酌情给分	
	18	自学能力	3	酌情给分	
	19	表达及沟通能力	3	酌情给分	
	20	合作能力	3	酌情给分	
	21	创新能力	3	酌情给分	

任务二　复杂零件的加工

【工作任务】

复杂零件如图1-6-2所示，利用装有HNC-818A数控系统的车床进行复杂零件加工。毛坯为 φ50mm×102mm 的45钢。

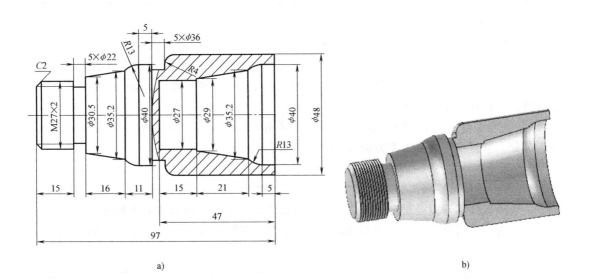

图1-6-2　复杂零件
a）平面图　b）三维图

一、加工准备

1. 机床选择

采用装有华中数控系统的数控车床。

2. 工具、量具及毛坯

完成本任务零件加工所需要的工具、刀具、量具及毛坯清单见表1-6-4。

表1-6-4 工具、刀具、量具及毛坯清单

序号	名称	规 格	数量	备注
1	游标卡尺	0~150mm/0.02mm	1把	
2	外径千分尺	0~25mm/0.01mm,25~50mm/0.01mm	各1把	
3	外圆车刀	93°	1把	
4	切槽刀	刀宽5mm	1把	
5	螺纹刀		1把	
6	镗孔刀		1把	
7	工具	卡盘扳手、刀架扳手	各1套	
8	毛坯	材料为45钢,尺寸为ϕ50mm×102mm	1根	
9	其他辅具	铜棒、铜皮、毛刷;计算器、相关指导书等	1套	选用

3. 工艺分析

该零件左边有阶梯轴和螺纹,右边有内孔,所以需要两次装夹完成加工。工件右边为 ϕ48mm 圆柱,容易装夹,所以需要首先加工右边外圆轮廓及内孔;加工完成后,将工件调头,卡盘夹紧 ϕ48mm 圆柱外表面,加工左边的圆弧、阶梯轴及螺纹。如图1-6-2所示,根据零件图分析加工工艺路线:

1) 选择1号外圆车刀加工 ϕ48mm 外圆,采用 G71 粗车复合循环指令切削加工 ϕ48mm 外圆部分,所留精车余量为 X 方向 0.4mm、Z 方向 0.2mm。

2) 选择4号镗孔刀加工内孔。

3) 将工件取下,调头装夹,夹紧时注意不要损伤 ϕ48mm 圆柱外表面。选择1号外圆车刀,采用 G71 粗车复合循环指令切削加工外圆轮廓,其加工路线为:车削 ϕ27mm 外圆→车削圆锥面→车削 R13 圆弧→车削 ϕ40mm 圆柱面→车削 R4mm 圆角→车削 ϕ48mm 圆柱面(10mm 长)。

4) 选择2号切槽刀,车削 5mm×ϕ22mm 和 5mm×ϕ36mm 的两个退刀槽,刀宽为 5mm。

5) 选择3号螺纹刀,加工 M27×2 的外螺纹。

综上,复杂零件数控加工工序卡见表1-6-5。

表 1-6-5　复杂零件数控加工工序卡

数控加工工序卡		零件图号	零件名称	材料		设备	
		—	复杂零件	45钢		数控车床	
工步号	工步内容	刀具号	刀具名称	刀具规格	主轴转速/(r/min)	进给速度/(mm/min)	备注
1	粗车外轮廓面	T01	外圆车刀	93°	800	150	
2	精车外轮廓面	T01	外圆车刀	93°	1000	100	
3	切槽	T02	切槽刀	刀宽5mm	450	50	
4	加工外螺纹	T03	螺纹刀		300		
5	镗孔	T04	镗孔刀		800	150	

二、数控程序编制

复杂零件的数控加工程序为：

%0003　　　　　　　　　　　　　　　　　　　　　　　　（程序名）
T0101　　　　　　　　　　　　　　　　　（选择1号外圆车刀，设立工件坐标系）
M03　S800　F150　　　　　　　　（主轴正转，转速800r/min，进给速度150mm/mim）
G00　X100　Z100　　　　　　　　　　　　　　　　　　（快进至换刀点）
X52　Z3　　　　　　　　　　　　　　　　　　　　　　　（加工起始点）
G71　U1　R1　P1　Q2　X0.4　Z0.2　　　　　（粗加工，进给速度为150mm/min）
N1　G01　X48　Z3　　　　　　　　　　　　　　　　　　（精加工第一步）
N2　Z-50　　　　　　　　　　　　　　　　　　　　　（切削φ48mm外圆）
G00　X52　　　　　　　　　　　　　　　　　　　　　　（X方向退刀）
X100　Z100　　　　　　　　　　　　　　　（X、Z方向快速退回至换刀点）
T0404　　　　　　　　　　　　　　　　　　　　　　　（选择4号镗孔刀）
M03　S800　F150
G00　X23　Z3　　　　　　　　　　　　　　　　　　　（快速定位至起始点）
G71　U1　R1　P1　Q2　X-0.4　Z0.2　　　　　　　　　（内孔粗加工循环）
N1　G01　X40　Z3　　　　　　　　　　　　　　　　　（开始精加工内孔）
Z-5
G02　X35.2　Z-11　R13
G01　X29　Z-32
X27　Z-32
N2　Z-47
G01　X23
G00　Z100　　　　　　　　　　　　　　　　　　　　　　　（退刀）
M05　　　　　　　　　　　　　　　　　　　　　　　　　（主轴停转）
M30　　　　　　　　　　　　　　　　　　　　　　　（程序结束并复位）
工件调头

%0004　　　　　　　　　　　　　　　　　　　　　　　　（程序名）
M03 S800 F150
T0101

```
G00 X100 Z100                          （快进至换刀点）
X52  Z3                                （循环起始位置）
G71 U1 R1 P1 Q2 X0.3 Z0.1
N1   G01 X17 Z3                        （快速定位至倒角C2延长线）
X27 Z-2                                （开始加工外阶梯轴）
Z-20
X30.5
X35.2 Z-36
G03 X40 Z-42 R13
G01 X40 Z-52
G03 X48 Z-56 R4                        （加工R4mm圆弧）
N2 X52                                 （X方向退刀）
G00 X100 Z100                          （刀具退回至换刀点）
T0202                                  （选择2号切槽刀，刀宽5mm）
M03 S450 F50
G00 X35 Z-20
G01 X22                                （切第一个槽）
X35
G00 X52 Z-52
G01 X36                                （切第二个槽）
X52
G00 X100 Z100                          （刀具退回至换刀点）
T0303                                  （选择3号螺纹刀）
G00 X30 Z2                             （刀具移至循环起点）
G82 X26.1 Z-17 F2                      （分步骤加工螺纹）
G82 X25.5 Z-17 F2
G82 X24.9 Z-17 F2
G82 X24.5 Z-17 F2
G82 X24.4 Z-17 F2
G82 X24.4 Z-17 F2                      （光整加工）
G00 X100 Z100                          （刀具退至换刀点）
M05                                    （主轴停转）
M30                                    （程序结束并复位）
```

三、零件加工

1. 零件加工步骤

1）按照工具、刀具、量具及毛坯清单领取相应的工具、刀具、量具及毛坯。

2）开机上电，包括机床电源及操作面板电源。

3）复位并返回机床参考点。

E1-6-1　综合零件加工

4）装夹工件毛坯。

5）装夹刀具并找正。

6）对刀，建立工件坐标系。

7）输入程序。

8）校验程序。

9）加工零件。

10）测量零件。

11）校正刀具磨损值。

12）零件加工合格后，对机床进行相应的清理及保养。

13）按照工具、刀具、量具清单归还相应的工具、刀具、量具。

14）填写工作日志并关闭操作面板及机床电源。

2. 零件加工注意事项

1）一定要严格按照以上步骤进行操作。

2）切记先对刀，而后输入程序再进行程序校验。

3）运行程序时先用单段方式进行，起刀点或循环起点无误的情况下方可切换到自动运行模式。

4）在加工过程中注意将防护罩关闭。

5）出现紧急情况马上按下急停按钮。

6）注意进给倍率的控制。

四、检查评价

加工完成后对零件进行去毛刺和尺寸检测，复杂零件加工检测评分表见表1-6-6。

表1-6-6 复杂零件加工检测评分表

项目	序号	技术要求	配分	评分标准	得分
程序与工艺（15%）	1	程序正确完整	5	不规范处每处扣1分	
	2	切削用量合理	5	不合理处每处扣1分	
	3	工艺过程规范合理	5	不合理处每处扣1分	
机床操作（20%）	4	刀具选择及安装正确	5	不正确处每处扣1分	
	5	机床操作规范	5	不规范处每处扣1分	
	6	对刀及工件坐标系设定正确	5	不正确处每处扣1分	
	7	零件形状正确	5	不合理处每处扣2分	
零件质量（35%）	8	保证尺寸 $\Phi48mm$	6	不正确处每处扣1分	
	9	保证尺寸 $\Phi40mm$	6	不正确处每处扣1分	
	10	保证长度15mm	6	不正确处每处扣1分	
	11	保证长度97mm	6	不正确处每处扣1分	
	12	保证长度47mm	6	不正确处每处扣1分	
	13	无毛刺	5	出错全扣	

(续)

项目	序号	技术要求	配分	评分标准	得分
文明生产 （15%）	14	安全操作	5	不合格不得分	
	15	机床维护与保养	5	不合格不得分	
	16	工作场所整理	5	不合格不得分	
相关知识及 职业能力 （15%）	17	数控加工机床知识	3	酌情给分	
	18	自学能力	3	酌情给分	
	19	表达及沟通能力	3	酌情给分	
	20	合作能力	3	酌情给分	
	21	创新能力	3	酌情给分	

任务三 配合零件的加工

【工作任务】

配合零件平面图和三维图分别如图 1-6-3 和图 1-6-4 所示，利用装有 HNC-818A 数控系统的车床进行配合零件加工。毛坯为 φ50mm×80mm 和 φ50mm×46mm 的 45 钢。

E1-6-2 数控车配合零件加工

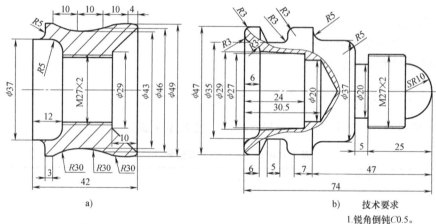

a) b) 技术要求
1. 锐角倒钝C0.5。
2. 未注倒角为C1。
3. 未注公差为±0.1mm。

图 1-6-3 数控车床配合零件平面图

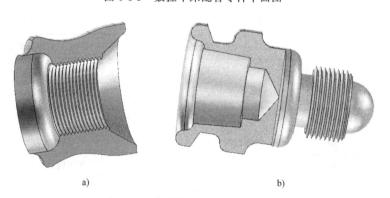

图 1-6-4 数控车床配合零件三维图
a) 零件 1　b) 零件 2

一、加工准备

1. 机床选择
采用装有华中数控系统的数控车床。

2. 工具、量具及毛坯
完成本任务零件加工所需要的工具、刀具、量具及毛坯清单见表1-6-7。

表1-6-7 工具、刀具、量具及毛坯清单

序号	名称	规格	数量	备注
1	游标卡尺	0~150mm/0.02mm	1把	
2	外径千分尺	0~25mm/0.01mm，25~50mm/0.01mm	各1把	
3	外圆车刀	93°	1把	
4	切槽刀	刀宽5mm		
5	外螺纹刀		1把	
6	镗孔刀		1把	
7	内螺纹刀		1把	
8	工具	卡盘扳手、刀架扳手	各1套	
9	毛坯	材料为45钢，尺寸为φ50mm×80mm 和 φ50mm×46mm	各1根	
10	其他辅具	铜棒、铜皮、毛刷；计算器、相关指导书等	1套	选用

3. 工艺分析

零件2右边有球面和螺纹，左边有内孔，所以需要两次装夹完成加工。工件左边为φ47mm的圆柱，容易装夹，首先加工右边球面及螺纹，加工完成后，将工件调头，卡盘夹紧φ37mm圆柱外圆面，加工左边的内孔、外圆。如图1-6-3所示，根据零件图分析加工工艺路线：

1）零件2，首先选择1号外圆车刀，采用G71粗车复合循环指令切削加工φ47mm外圆部分，所留精车余量为X方向0.1mm，Z方向0.1mm。

2）选择2号切槽刀，切削5mm×φ20mm的退刀槽，加工R3mm的圆弧，刀宽为5mm。

3）将零件2取下，调头装夹，夹紧时注意不要损伤φ47mm圆柱外表面。选择4号镗孔车刀，采用G71粗车复合循环指令切削加工内孔部分，刀具选择4号镗孔车刀；再采用1号外圆车刀倒圆。

4）零件1，首先选择1号外圆车刀加工外轮廓，其次选择4号镗孔车刀加工内轮廓；最后选择2号内螺纹车刀加工内螺纹。

5）零件1与零件2相互配合，镗零件2另一侧的孔，用4号镗孔车刀。

综上，配合零件数控加工工序卡见表1-6-8。

表 1-6-8　配合零件数控加工工序卡

数控加工工序卡		零件图号	零件名称		材料	设备	
		—	配合零件		45钢	数控车床	
工步号	工步内容	刀具号	刀具名称	刀具规格	主轴转速/(r/min)	进给量/(mm/min)	备注
1	粗车外轮廓面	T01	外圆车刀	93°	1000	150	
2	精车外轮廓面	T01	外圆车刀	93°	1500	100	
3	切槽	T02	切槽刀	刀宽5mm	450	50	
4	加工外螺纹	T03	外螺纹刀		800		
5	加工镗孔	T04	镗孔刀		800	150	
6	加工内螺纹	T02	内螺纹刀		800		

二、程序编制、输入及校验

配合零件2的数控加工程序为：

O0001　　　　　　　　　　　　　　　　　　　　　　（文件名）
%0001　　　　　　　　　　　　　　　　　　　　　　（程序名）
T0101　　　　　　　　　　　　　　（选择1号外圆车刀,设立工件坐标系）
M03　S1000　F150
G00　X100　Z100
G00　X52　Z3　　　　　　　　　　　　　　　　　（快进至加工起始点）
G71　U1　R1　P1　Q2　X0.1　Z0.1　　　　　　　　（外圆粗加工循环）
N1 G01　X0　Z0
G03　X20　Z-10　R10　　　　（N1代表循环开始,加工SR10mm半球体）
G01　X25　Z-10
G01　X27　Z-11　　　　　　　　　　　　　　　　　（加工螺纹倒角）
G01　X27　Z-30
G03　X37　Z-35　R5　　　　　　　　　　　　　　（加工R5mm圆角）
G01　X37　Z-42　　　　　　　　　　　　　　　　（加工φ37mm外圆）
G02　X47　Z-47　R5　　　　　　　　　　　　　　（加工R5mm圆角）
N2 G01　X47　Z-74　　　　　（N2代表循环结束,加工φ47mm外圆）
G00　X100
G00　Z100
M05
M30

O0002　　　　　　　　　　　　　　　　　　　　　　（文件名）
%0002　　　　　　　　　　　　　　　　　　　　　　（程序名）

```
T0202                        （选择2号切槽刀,设立工件坐标系）
M03   S450   F50
G00   X100   Z100
G00   X40    Z-30
G01   X20    Z-30              （切削φ20mm×5mm的槽）
G00   X52    Z-30
G00   X52    Z-65
G01   X35    Z-65              （加工φ35mm外圆）
G00   X52    Z-65
G00   X52    Z-68
G01   X47    Z-68
G01   X35    Z-65              （加工圆锥部分）
G00   X52    Z-65
G00   X52    Z-59              （Z轴方向定位）
G01   X47    Z-59              （加工φ47mm外圆）
G03   X41    Z-62   R3         （加工R3mm圆角）
G02   X35    Z-65   R3         （加工R3mm圆角）
G00   X100
G00   Z100
M05
M30


O0003                        （文件名）
%0003                        （程序名）
T0303                        （选择3号螺纹刀,设立工件坐标系）
M03   S800   F100             （主轴正转,转速800r/min）
G00   X100   Z100
G00   X30    Z-8              （快进至加工起始点）
G82   X26.1  Z-27   F2        （加工M27×2的螺纹）
G82   X25.5  Z-27   F2
G82   X24.9  Z-27   F2
G82   X24.5  Z-27   F2
G82   X24.4  Z-27   F2
G82   X24.4  Z-27   F2
G00   X100
G00   Z100
M05
M30
```

调头加工

O0004	（文件名）
%0004	（程序名）
T0404	（选择4号镗孔刀,设立工件坐标系）
M03　S800　F150	
G00　X100　Z100	
G00　X20　　Z3	（快进至加工起始点）
G71　U1　R1　P1　Q2　X0.1　Z0.1	（内孔加工循环）
N1　G01　X41　Z0	（N1代表循环开始）
G03　X35　Z-3　R3	（加工R3mm 圆角）
G02　X29　Z-6　R3	（加工R3mm 圆角）
N2　G01　X27　Z-24	（N2代表循环结束）
G01　X20　Z-30.5	（加工φ20mm 内孔）
G00　Z100	
M05	
M30	

O0005	（文件名）
%0005	（程序名）
T0101	（选择1号外圆车刀,设立工件坐标系）
M03　S1000　F150	
G00　X100　Z100	
G00　X50　Z2	
G01　X41　Z0	（R3mm 圆角加工切入点）
G03　X47　Z-3　R3	（加工R3mm 圆角）
G00　X100	
G00　Z100	
M05	
M30	

配合零件1的数控加工程序为：

O0006	（文件名）
%0006	（程序名）
T0101	（选择1号外圆车刀,设立工件坐标系）
M03　S1000　F150	
G00　X100　Z100	
G00　X52　Z3	
G71　U1　R1　P1　Q2　X0.1　Z0.1	（外圆粗加工循环）
N1　G01　X37　Z0	（N1代表循环开始,定位至圆角加工起点）

G02　X47　Z-5　R5	（加工 R5mm 圆角）
G01　X49　Z-6	（加工 φ49mm 外圆）
N2　G01　X49　Z-8	（N2 代表循环结束）
G00　X100	
G00　Z100	
M05	
M30	

O0007	（文件名）
%0007	（程序名）
T0404	（选择 4 号镗孔刀，设立工件坐标系）
M03　S800　F150	
G00　X100　Z100	
G00　X20　Z3	
G71　U1　R1　P1　Q2　X-0.1　Z0.1	（内孔加工循环）
N1　G01　X37　Z-7	（N1 代表循环开始，加工 φ37mm 内孔）
G02　X27　Z-12　R5	（加工 R5mm 圆角）
G01　X25　Z-13	（加工 φ25mm 内孔）
N2　G01　X25　Z-35	（N2 代表循环结束）
G01　X21　Z-35	（退刀）
G00　X21　Z100	（Z 轴方向退回安全点）
M05	（主轴停转）
M30	（程序结束并复位）

O0008	（文件名）
%0008	（程序名）
T0202	（选择 2 号内螺纹刀，设立工件坐标系）
M03　S800　F100	
G00　X100　Z100	
G00　X20　Z-10	（快进至加工起始点）
G82　X24.4　Z-32　F2	（加工 M27×2 内螺纹）
G82　X25.3　Z-32　F2	
G82　X25.9　Z-32　F2	
G82　X26.5　Z-32　F2	
G82　X26.9　Z-32　F2	
G82　X27　Z-32　F2	
G82　X27　Z-32　F2	
G01　X21　Z-32	
G00　X21　Z100	

M05
M30

利用螺纹把零件 1 拧紧在零件 2 上加工

O0009 （文件名）
%0009 （程序名）
T0404（镗孔） （选择 4 号镗孔刀，设立工件坐标系）
M03　S800　F150
G00　X100　Z100
G00　X20　Z3
G71　U1　R1　P1　Q2　X-0.1　Z0.1　　　　　　　　（内孔加工循环）
N1　G01　X43　Z0　　　　　　　　　　　　　　　（N1 代表循环开始）
G01　X29　Z-10　　　　　　　　　　　　　　　　（加工锥面）
G01　X27　Z-10
N2　G01　X25　Z-11　　　　　　　　　　　　　　（N2 代表循环结束）
G01　X21　Z-11
G00　Z100
M05
M30

三、零件加工

1. 零件加工步骤

1) 按照工具、刀具、量具及毛坯清单领取相应的工具、刀具、量具及毛坯。
2) 开机上电，包括机床电源及操作面板电源。
3) 复位并返回机床参考点。
4) 装夹工件毛坯。
5) 装夹刀具并找正。
6) 对刀，建立工件坐标系。
7) 输入程序。
8) 校验程序。
9) 加工零件。
10) 测量零件。
11) 校正刀具磨损值。
12) 零件加工合格后，对机床进行相应的清理及保养。
13) 按照工具、刀具、量具清单归还相应的工具、刀具、量具。
14) 填写工作日志并关闭操作面板及机床电源。

2. 零件加工注意事项

1) 一定要严格按照以上步骤进行操作。
2) 切记先对刀，而后输入程序再进行程序校验。

3）运行程序时先用单段方式进行，起刀点或循环起点无误的情况下方可切换到自动运行模式。

4）在加工过程中注意将防护罩关闭。

5）出现紧急情况马上按下急停按钮。

6）注意进给倍率的控制。

四、检查评价

E1-6-3　零件测量

加工完成后对零件进行去毛刺和尺寸检测，配合零件加工检测评分表见表1-6-9。

表1-6-9　配合零件加工检测评分表

项目	序号	技术要求	配分	评分标准	得分
程序与工艺（15%）	1	程序正确完整	5	不规范处每处扣1分	
	2	切削用量合理	5	不合理处每处扣1分	
	3	工艺过程规范合理	5	不合理处每处扣1分	
机床操作（20%）	4	刀具选择及安装正确	5	不正确处每处扣1分	
	5	机床操作规范	5	不规范处每处扣1分	
	6	对刀及工件坐标系设定正确	5	不正确处每处扣1分	
	7	零件形状正确	5	不合理处每处扣2分	
零件质量（40%）	8	保证尺寸 Φ37mm	6	不正确处每处扣1分	
	9	保证尺寸 Φ47mm	6	不正确处每处扣1分	
	10	保证尺寸 Φ49mm	6	不正确处每处扣1分	
	11	保证长度 42mm	6	不正确处每处扣1分	
	12	保证长度 74mm	6	不正确处每处扣1分	
	13	无毛刺	5	不合格不得分	
	14	相互配合	5	配合不上全扣	
文明生产（15%）	15	安全操作	5	不合格不得分	
	16	机床维护与保养	5	不合格不得分	
	17	工作场所整理	5	不合格不得分	
相关知识及职业能力（10%）	18	数控加工机床知识	2	酌情给分	
	19	自学能力	2	酌情给分	
	20	表达及沟通能力	2	酌情给分	
	21	合作能力	2	酌情给分	
	22	创新能力	2	酌情给分	

拓展训练

任务八　数控车削配合零件

任务单见附录表A-8。

第二篇

数控铣床编程与操作

项目一
数控铣床的基本操作

🔄 项目描述

本项目对华中"世纪星"HNC-21D 数控铣系统操作面板与基本操作进行介绍，通过学习，应了解数控系统的性能、特点，掌握数控系统加工的方法和数控机床的操作。

任务一　了解数控铣床操作面板功能

【工作任务】
掌握华中"世纪星"HNC-21D 数控铣系统操作面板的各项功能。
【知识目标】
1. 掌握华中"世纪星"HNC-21D 数控铣系统的操作面板组成。
2. 掌握华中"世纪星"HNC-21D 数控铣系统操作面板的按键功能。
【能力目标】
掌握华中"世纪星"HNC-21D 数控铣系统操作面板的操作方法。

🔄 知识链接

一、数控铣床操作面板组成

华中"世纪星"数控铣系统（HNC-21D）采用彩色液晶显示屏、内装式 PLC，可与多种伺服驱动单元配套使用，具有开放性好、结构紧凑、集成度高、可靠性好、性价比高、易于操作和维护等优点。本节以 HNC-21D 铣床系统为例介绍华中数控铣床操作面板功能区域组成，如图 2-1-1 所示。

操作面板是操作人员与数控机床进行交互的工具，一方面，操作人员可以通过它对数控铣床进行操作、编程、调试；另一方面，操作人员也可以通过它了解或查询数控铣床的运行状态。HNC-21D 铣床系统采用集成式操作面板，共分为显示屏区、功能键区、键盘键区、机床操作按键区和急停按钮五部分。

二、数控铣床操作面板功能说明

1. 显示屏区

图 2-1-2 所示为 HNC-21D 数控铣床操作面板的显示屏区，主要显示当前操作或执行的程

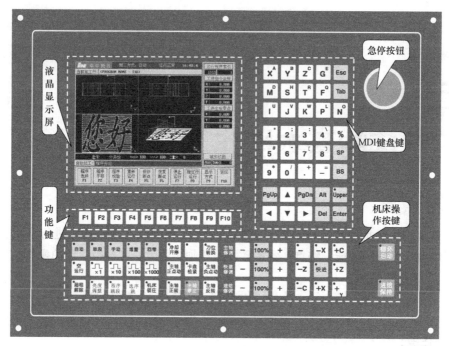

图 2-1-1　华中数控铣床操作面板

序,该区域由以下八部分组成:

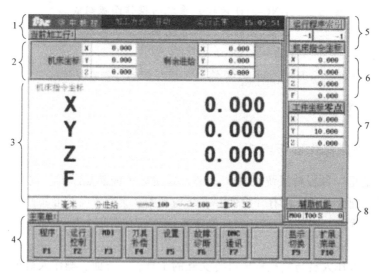

图 2-1-2　HNC-21D 的软件操作界面

1) 代号 1 指示部分的第一行显示当前加工方式、系统运行状态和系统当前时间,第二行显示当前正在加工或将要加工的程序行。

2) 代号 2 指示部分显示当前刀具在机床坐标系下的坐标,以及 X、Z 方向剩余的进给量。

3) 代号 3 指示部分为图形显示窗口,通过功能键"F9"设置窗口显示内容。下面显示米/英编程,进给单位和倍率修调值。

4)代号 4 指示部分为菜单命令条,通过功能键"F1~F10"完成系统不同功能的操作。

5)代号 5 指示部分为运行程序索引,显示自动加工中的程序名和当前程序段行号。

6)代号 6 指示部分为选定坐标系下的坐标值,坐标系可以是机床坐标系、工件坐标系、相对坐标系;显示值可在指令位置、实际位置、剩余进给、跟踪误差、负载电流、补偿值之间切换。

7)代号 7 指示部分为工件坐标零点,显示工件坐标系零点在机床坐标系下的坐标。

8)代号 8 指示部分为辅助机能,显示当前自动加工程序中的 M、S、T 代码。

2. 键盘键区

该操作区包括字母、数字键和编辑按键,主要用于程序和坐标值的输入、编辑。其中,编辑按键的功能与 HNC-21T 数控车床操作面板相同。

3. 机床操作按键区

机床操作按键区主要用于控制机床的运动和选择机床运行状态。

4. 急停按钮

机床运行过程中,在危险或紧急情况下按下急停按钮,CNC 即进入急停状态,伺服进给及主轴运转立即停止工作(控制柜内的进给驱动电源被切断)。右旋松开急停按钮,按钮自动跳起,CNC 进入复位状态。

5. 功能键区

在菜单命令条及弹出菜单中,每一个功能项的按键上都标注了 F1、F2 等字样,表明对应操作也可以通过按下相应的功能键来执行。通过功能键"F1~F10",可以实现系统的主要功能。由于每一项功能有不同的操作,菜单命令采用分层结构,在主菜单下,按"F1~F10"会出现不同功能的子菜单,操作者可以根据子菜单的内容选择所需的操作。图 2-1-3 所示为主菜单部分命令的层次结构。

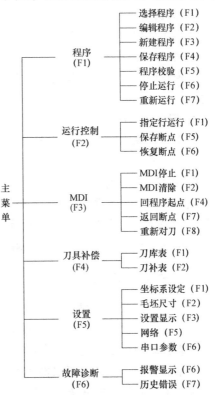

图 2-1-3 主菜单层次结构(示例)

任务二 数控铣床操作方法和步骤

【工作任务】

掌握装有华中"世纪星"HNC-21D 系统数控铣床的操作方法。

【知识目标】

1. 掌握装有华中"世纪星"HNC-21D 系统数控铣床的操作方法。
2. 掌握装有华中"世纪星"HNC-21D 系统数控铣床的对刀和数据设置。
3. 掌握装有华中"世纪星"HNC-21D 系统数控铣床的程序编辑和运行。

【能力目标】

能够熟练操作装有华中"世纪星"HNC-21D系统数控铣床。

 知识链接

一、基本操作方法

1. 开机、复位操作

检查铣床状态是否正常，电源电压是否符合要求；按下操作面板上的急停按钮，合上机床后面的断路器，松开总电源开关，打开计算机电源，进入数控系统的界面；右旋松开急停按钮，系统复位，当前对应的加工方式为"手动"。

2. 关机操作

先按下急停按钮，然后按下总电源开关，最后关闭断路器。

3. 急停、复位操作

在有危险时按下急停按钮，危险解除后右旋松开急停按钮，使系统复位，并接通伺服电源。

4. 回参考点操作

按下"回参考点"按键，键内指示灯亮，再按"+X"键、"+Y"键及"+Z"键，工作台及主轴移回至机床参考点。当所有坐标轴回参考点后，即建立起机床坐标系。

5. 超程解除操作

当某轴出现超程报警（"超程解除"指示灯亮）时，为解除超程，先将工作模式设置为"手动"（或者"手摇"）方式，然后一直按住"超程解除"键不放，选择出现超程方向的反方向按键移动刀架，直到"超程解除"指示灯灭，显示屏显示"运行正常"为止。

二、手动操作

数控铣床系统主要操作方式可以分为手动操作方式、MDI操作方式、自动操作方式、文件操作编辑方式等。其中，手动操作方式包含手动方式、增量方式和手摇方式；自动操作方式包含自动和单段方式两种。这几种功能的用法与数控车床系统相似，由于数控铣床比数控车床增加了一个Y轴，所以操作过程与数控车床也有所不同。

本节主要介绍数控铣床手动操作的相关内容，如手动移动机床坐标轴、手动控制主轴、手动数据输入（MDI）等加工的常用操作。

手动操作主要由手持单元和机床操作按键共同完成，机床操作按键如图2-1-4所示。

1. 手动移动机床坐标轴

手动移动机床坐标轴的操作主要由手持单元、机床操作按键中的方式选择、轴手动按键、增量倍率、进给修调、快速修调等按键共同完成。轴手动按键如图2-1-5所示，可在手动操作方式下移动各坐标轴。

按一下图2-1-6所示的"手动"按键（指示灯亮），系统处于手动工作方式，再按图2-1-5中的坐标轴按键即可移动机床各坐标轴。下面以点动移动X轴为例，说明具体操作步骤：

1) 按下"+X"或"-X"按键（指示灯亮），X轴可以实现正向或负向移动。

2) 松开"+X"或"-X"按键（指示灯灭），X轴停止运动。

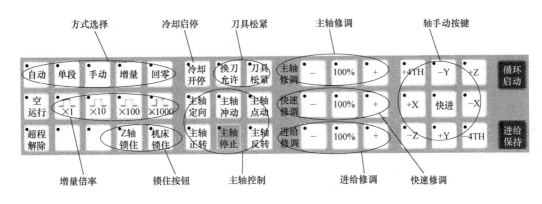

图 2-1-4 机床操作按键

用相同的操作方法,也可以实现"+Y""-Y""+Z""-Z"坐标轴正负向的移动。

如果同时按下"快进"键和某一坐标轴的按键,可实现相应轴的正向或负向快速运动。若同时按压多个方向轴的按键,能连续移动多个坐标轴。

2. 手动进给速度选择

在手动进给时,进给速度为系统参数,最高快移速度乘以快速修调选择的快移倍率为实际移动速度。如图 2-1-7、图 2-1-8 所示,按下"进给修调"或"快速修调"的"100%"按键(指示灯亮),进给或快速修调倍率被置为 100%;按一下右侧的"+"按键,修调倍率递增 10%;按一下左侧的"-"按键,修调倍率递减 10%。

图 2-1-5 坐标轴

图 2-1-6 加工方式

3. 增量进给

将手持单元的坐标轴选择波段开关置于 Off 档,按下控制面板上的"增量"按键(指示灯亮),此时系统处于增量进给方式,可增量移动机床坐标轴。

图 2-1-7 进给修调

图 2-1-8 快速修调

(1)增量移动坐标轴的操作

按下"+X"或"-X"按键(指示灯亮),X 坐标轴可以沿正方向或负方向移动一个增量值。再按一下"+X"或"-X"按键,X 坐标轴将向正向或负向继续移动一个增量值。

用同样的操作方法,可使 Y 轴或 Z 轴沿轴向正向或负向增量移动。

(2)增量值选择

增量进给的增量值由图 2-1-9 所示的四个增量倍率按键控制,增量倍率和增量值的对应关系见表 2-1-1。这几个按键是互锁的,按下其中一个(指示灯亮),其余按键则不起作用。

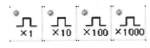

图 2-1-9 增量倍率

表 2-1-1 增量进给增量倍率和增量值

增量倍率	×1	×10	×100	×1000
增量值/mm	0.001	0.01	0.1	1

4. 手摇进给

当手持单元（手摇脉冲发生器）的坐标轴选择波段开关置于 $X/Y/Z$ 档位时，按下控制面板上的"增量"按键（指示灯亮），此时系统处于手摇进给方式，可手摇进给机床各坐标轴。

（1）手摇进给的操作

1）将手持单元的坐标轴选择波段开关置于 $X/Y/Z$ 中的某一档位。

2）旋转手摇脉冲发生器，可控制坐标轴沿正、负方向运动。

3）顺时针/逆时针旋转手摇脉冲发生器一格，坐标轴将向正向或负向移动一个增量值，手摇进给方式每次只能增量进给 1 个坐标轴。

（2）增量值选择

手摇进给的增量值由手持单元的增量倍率波段开关×1、×10、×100 控制，增量倍率和增量值的对应关系见表 2-1-2。

表 2-1-2 手摇进给增量倍率和增量值

增量倍率	×1	×10	×100
增量值/mm	0.001	0.01	0.1

5. 主轴的正转、反转及停止

在手动操作方式下，当主轴制动无效（指示灯灭）时，若按下主轴正转按键，主轴电动机以机床参数设定的转速正转；按下主轴反转按键，主轴电动机以机床参数设定的转速反转；按下主轴停止按键，主轴电动机停止运转。在使用的过程中，这几个按键是相互锁定的，即按下其中一个（指示灯亮），其余几个按键会失效（指示灯灭）。

6. 手动数据输入（MDI）

在图 2-1-2 所示的操作面板中按 "F3" 键进入 MDI 功能子菜单，命令行与菜单条如图 2-1-10 所示。

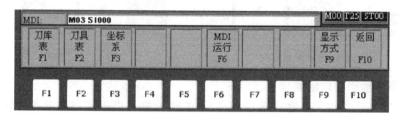

图 2-1-10 MDI 功能子菜单

7. 输入 MDI 指令段

MDI 功能允许一次输入一个或多个指令字的信息，使用该功能可改变当前指令模态，也可以实现指令动作。如图 2-1-11 所示，输入 "M03 S1000" 后按下 "Enter" 键，则主轴转速设为 1000r/min。

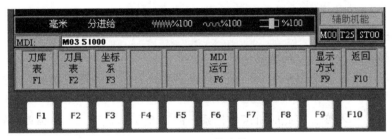

图 2-1-11　MDI 指令输入

8. 运行 MDI 指令段

在输入一个 MDI 指令段后，按下操作面板上的"循环启动"键，系统将开始运行所输入的 MDI 指令。如果输入的指令信息不完整或存在语法错误，系统会提示相应的错误信息，此时不能运行 MDI 指令。

三、对刀

在加工时，工件装夹完成后，必须正确找出编程原点在机床坐标系下的位置，这样工件才能与机床建立起运动关系。我们通常把测定工件坐标系原点（编程原点）在机床坐标系下位置的过程称为对刀。

对刀有很多种方法，操作过程中既可以使用辅助工具，也可以不使用工具大致确定其位置。数控铣床常用的对刀方法有：试切法对刀；采用百分表或千分表对刀；采用寻边器对刀。要根据零件加工精度的要求来确定对刀方法，当零件加工精度要求较高时，可用杠杆百分表或千分表找正，使刀位点与对刀点一致。

下面介绍试切法对刀的操作步骤。

1. X 轴方向上的对刀

1）安装加工时主轴上所用的刀具，在手动工作方式下起动主轴，使主轴中速旋转。

2）手动移动铣刀，沿 X 轴方向靠近被测边，并使刀具在 Z 轴方向靠近工件。

3）在步进工作方式下低速移动铣刀，直到铣刀切削刃轻微接触工件侧表面。

4）保持 X 坐标不变，沿 Y 轴方向切削工件被测边。

5）将此时机床坐标系下的 X 坐标值记下来，根据刀具与工件被测边的位置关系加/减刀具半径值，其计算结果就是被测边的 X 偏置值。

如果刀具在工件被测边左侧，则

X 偏置值＝试切被测边所得机床坐标系下的 X 坐标值＋刀具半径

如果刀具在工件被测边右侧，则

X 偏置值＝试切被测边所得机床坐标系下的 X 坐标值－刀具半径

2. Y 轴方向上的对刀

Y 轴方向的对刀方法与 X 轴方向的对刀方法相似，首先沿 Y 轴方向重复相同操作，记下试切被测边在机床坐标系下 Y 轴方向的坐标值，被测边的 Y 偏置值计算方法如下：

如果刀具在工件被测边前方，则

Y 偏置值＝试切被测边所得机床坐标系下的 Y 坐标值－刀具半径

如果刀具在工件被测边后方，则

Y 偏置值＝试切被测边所得机床坐标系下的 Y 坐标值＋刀具半径

3. Z 轴方向上的对刀

1）手动移动铣刀，使刀具靠近被测工件上表面。

2）在步进工作方式下用 0.01mm/min 低速移动铣刀，直到铣刀切削刃轻微接触工件侧表面。

3）保持 Z 坐标不变，将此时机床坐标系下的 Z 坐标值记下来，该值就是被测边的 Z 偏置值。

四、数据设置

1. 坐标系数据设置

1）在图 2-1-11 所示的 MDI 子菜单中按"F3"键进入坐标系设置界面，如图 2-1-12 所示，窗口显示 G54 坐标系数据。

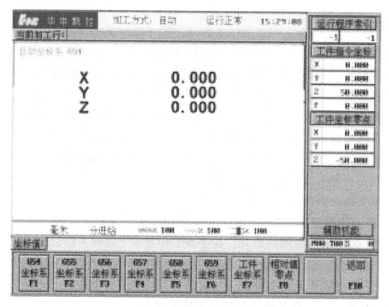

图 2-1-12 坐标系数据设置

2）通过按键"F1～F8"可选择要输入的数据类型：G54～G59 坐标系、当前工件坐标系的偏置值（坐标系零点相对于机床零点的值）、当前相对值零点。

3）在命令行输入所需数据并按"Enter"键，即可将目标坐标系的偏置值设置为所输入的坐标值。

4）若输入正确，图形显示窗口相应位置将显示修改过的值，否则保持原值不变。

2. 刀库表数据设置

在图 2-1-2 所示的操作面板中按"F4"键进入刀具补偿功能子菜单，命令行与菜单条如图 2-1-13 所示。

设置刀库表数据的操作步骤如下：

1）在图 2-1-13 所示的刀具补偿功能子菜单中按"F1"键，图形显示窗口将出现刀库表数据，如图 2-1-14 所示。

图 2-1-13 刀具补偿功能子菜单

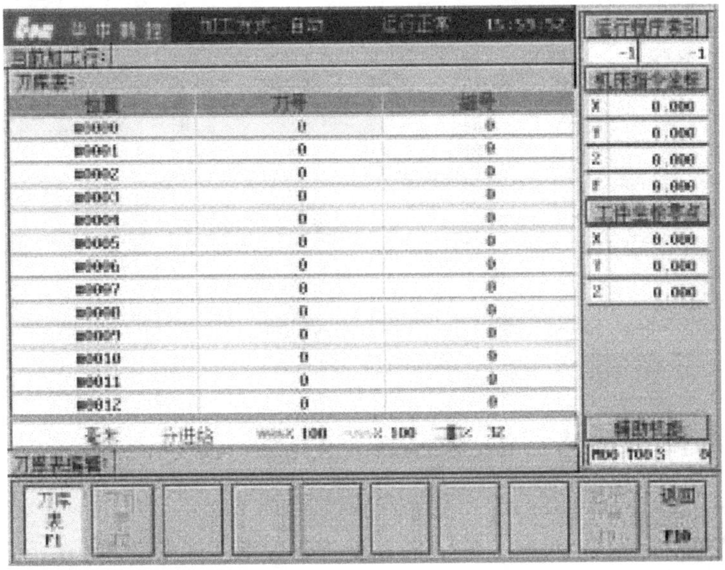

图 2-1-14 刀库表

2) 通过编辑按键 "▲" "▼" "▶" "◀" "PgUp" "PgDn" 移动蓝色亮条,选择要编辑的选项。

3) 按 "Enter" 键,蓝色亮条所指刀库数据的颜色和背景都发生变化,同时有光标在闪烁。

4) 通过编辑按键 "▶" "◀" "BS" "Del" 进行数据编辑修改。

5) 修改完毕后,按 "Enter" 键确认。

6) 若输入正确,图形显示窗口相应位置将显示修改过的值,否则保持原值不变。

3. 刀具表数据设置

MDI 方式下刀具表数据操作步骤如下:

1) 在 MDI 功能子菜单下 (图 2-1-13) 按 "F2" 键进行刀具表数据设置,图形显示窗口将出现刀具表数据,如图 2-1-15 所示。

2) 通过编辑按键 "▲" "▼" "▶" "◀" "PgUp" "PgDn" 移动蓝色亮条,选择要编辑的选项。

3) 按 "Enter" 键,蓝色亮条所指刀具数据的颜色和背景都发生变化,同时有光标在闪烁。

4) 通过编辑按键 "▶" "◀" "BS" "Del" 进行数据编辑修改。

5) 修改完毕后,按 "Enter" 键确认。

6) 若输入正确,图形显示窗口相应位置将显示修改过的值,否则保持原值不变。

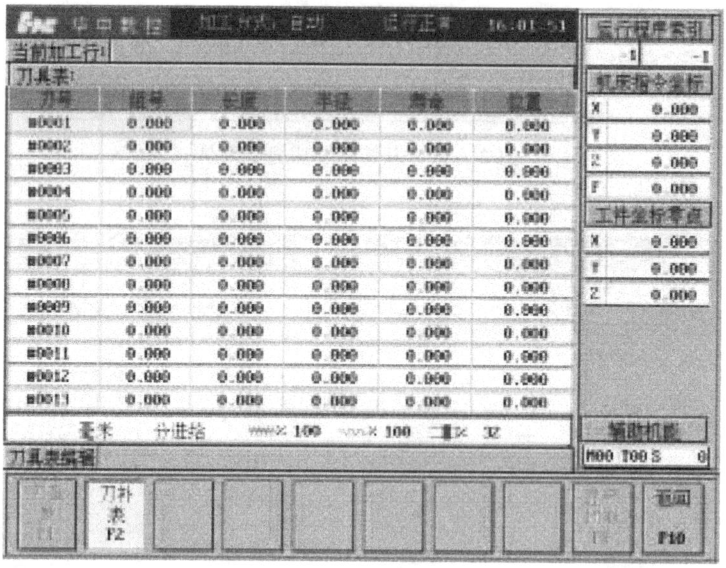

图 2-1-15 刀具表

五、程序编辑

1. 选择程序

在系统主菜单中（图2-1-16），按"F2"键进入程序功能子菜单，命令行与菜单条如图2-1-17所示。在程序功能子菜单下，可以选择要加工的程序，也可对已经加工过的程序进行编辑、存储、校验等操作。

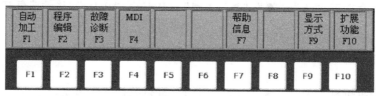

图 2-1-16 主菜单

图 2-1-17 程序功能子菜单

在程序功能子菜单下按"F1"键，图形显示窗口显示可选择的程序菜单，如图2-1-18所示。

（1）选择程序的操作步骤

1）在图2-1-18所示界面通过编辑按键"▶""◀"选中当前存储器。

2）通过编辑按键"▲""▼"选中存储器上的一个程序文件。

3）按"Enter"键将该程序文件选中并调入加工缓冲区，如图2-1-19所示。

4）如果被选程序文件是只读G代码文件，则该程序文件编辑后只能另存为其他名称的

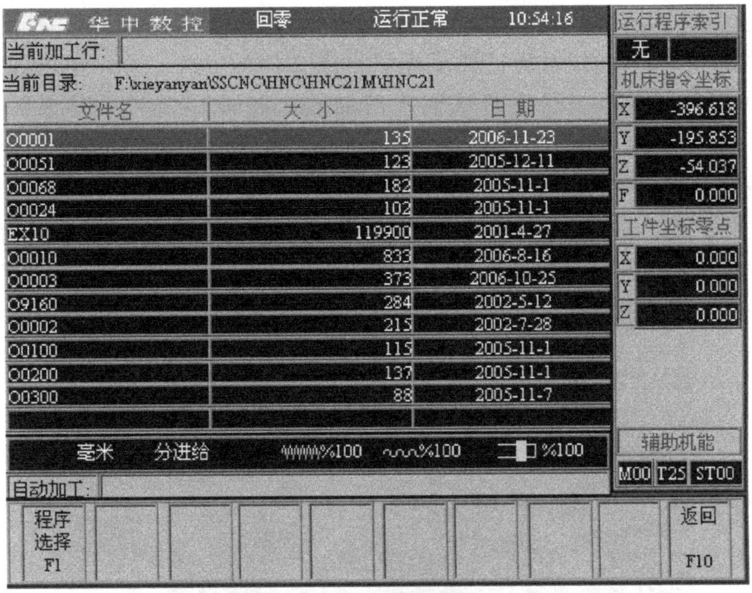

图 2-1-18 程序菜单

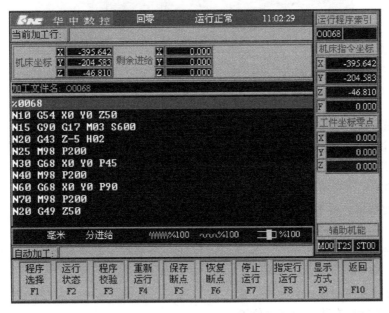

图 2-1-19 调入文件到加工缓冲区

程序文件。

(2) 删除程序的操作步骤

1) 在程序菜单中通过编辑按键 "▲" "▼" 移动光标选中要删除的程序文件。

2) 按 "Del" 键将选中的程序文件从当前存储器上删除,删除的程序文件不可恢复,删除操作前应确认。

注意:

1) 程序文件名一般由字母 O 开头,后面可以跟四个(或多个)数字或字母,系统默认的程序文件名是由 O 开头的。

2) 华中世纪星 HNC-21D 系统扩展了标识程序文件的方法，可以使用任意 DOS 文件名（即"8+3"式文件名：1~8 个字母或数字后加点，再加 1~3 个字母或数字）标识程序文件。

2. 编辑程序

在程序功能子菜单下按"F2"键，图形显示窗口弹出编辑程序菜单。选中一个零件程序后，系统出现图 2-1-20 所示的编辑界面，在此界面下可以对当前的程序进行编辑。

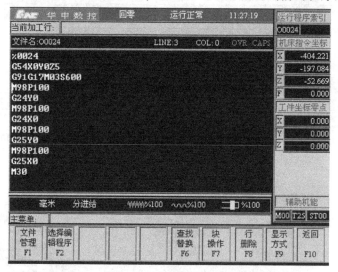

图 2-1-20 编辑程序界面

编辑过程中用到的主要快捷键如下：

Del：删除光标后的一个字符，光标位置不变，余下的字符依次左移一个字符位置。

PgUp：使编辑的程序向程序头滚动一屏，光标位置不变，如果到了程序头，则光标移到文件首行的第一个字符处。

PgDn：使编辑的程序向程序尾滚动一屏，光标位置不变，如果到了程序尾，则光标移到文件末行的第一个字符处。

BS：删除光标前的一个字符，光标向前移动一个字符位置，其余的字符依次左移一个字符位置。

◀：可使光标向左移一个字符位置。

▶：可使光标向右移一个字符位置。

▲：可使光标向上移一行。

▼：可使光标向下移一行。

3. 新建程序

加工一个新零件时，需要把新的零件程序输入到机床中，这就需要在指定磁盘或目录下建立一个新文件，但需要注意的是新文件不能与已经保存在机床中的程序文件同名。

4. 校验程序

编写完一个新程序后，为了保证程序的准确性，需要对加工程序进行校验。程序校验主要用于对调入加工缓冲区的程序文件进行校验，并提示程序中出现的错误。

程序校验的操作步骤如下：
1）调入要校验的加工程序。
2）按机床操作面板上的"自动"或"单段"按键进入对应的程序运行方式。
3）在程序功能子菜单中按"F5"键。
4）按下机床操作面板上的"循环启动"键，程序校验开始。
5）若程序正确，校验完后，光标将返回到程序头，且软件操作界面的工作方式再次显示为"自动"或"单段"；若程序有错，命令行将提示程序在哪一行有错。

注意：
1）校验运行的过程中机床处于静止状态。
2）为确保加工程序正确无误，请选择不同的图形显示方式来观察校验运行的结果。

六、程序运行

1. 模拟运行

在自动加工模式下，选择好要模拟运行的程序，按下机床操作面板中的"机床锁住"键，使其指示灯亮；然后在自动加工子菜单下按"F3"键进行程序校验，最后按"循环启动"键模拟运行程序。

2. 单段运行

在单段加工模式下，选择好要单段运行的程序，按"循环启动"键即可单段运行程序。

3. 自动运行

在自动加工模式下，选择好要自动运行的程序，按"循环启动"键即可自动运行程序。

项目二
平面轮廓零件的加工

【项目描述】

本项目对平面轮廓零件进行铣削,通过学习,应掌握数控铣系统机床操作面板的使用方法;掌握数控编程中部分功能指令的作用、指令格式及参数含义。尤其应熟练掌握数控铣床加工平面类零件的方法,并使用刀具半径补偿进行编程。

任务 内、外轮廓零件的加工

【工作任务】

内轮廓零件如图 2-2-1 所示,外轮廓零件如图 2-2-2 所示。利用 HNC-818B 数控铣床进行内、外轮廓零件加工,采用 φ10mm 的立铣刀,铣削如图所示内轮廓(用刀具半径补偿编程),毛坯为 120mm×140mm×15mm 的 45 钢。

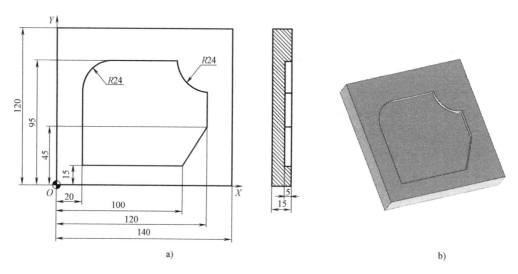

图 2-2-1 内轮廓零件
a) 平面图 b) 三维图

【知识目标】

1. 掌握数控铣床加工编程的基本功能指令。
2. 掌握刀具半径补偿的使用方法及技巧。

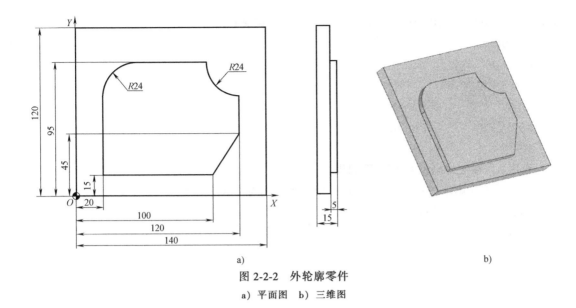

图 2-2-2 外轮廓零件
a) 平面图 b) 三维图

3. 了解刀具长度补偿的使用方法。

【能力目标】

1. 能够熟练安装平面类零件并对刀。
2. 能够熟练进行数控铣床基本操作。
3. 能够正确使用刀补进行编程加工。

知识链接

一、坐标系指令

1. 工件坐标系选择指令 G54~G59

（1）编程格式　G54（G55~G59）

（2）作用　该指令用来给出工件零点在机床坐标系中的位置。

数控机床预置了六个工件坐标系，分别用指令 G54~G59 来选用。每个工件坐标系的原点坐标都是通过对刀获得的相对于机床坐标系原点的偏移量，通过 MDI 方式将偏移量输入到 G54~G59 寄存器中的相应位置，数控程序即可通过指令 G54~G59 选择所需的工件坐标系。

（3）说明　G54~G59 都是模态指令，该指令执行后，所有坐标值指定的坐标及尺寸都对应所选定工件坐标系中的位置。

例 2-2-1　如图 2-2-3 所示，A、B、C 是机床坐标系下的任意三个点，以点 B、点 C 分别建立工件坐标系 G54、G55，请分别在工件坐标系 G54、G55 下编程，要求刀具的运动轨迹是：当前点→A→B→C。

程序1：在工件坐标系 G54 下编程

分析：首先确定各点在工件坐标系 G54 下的坐标：

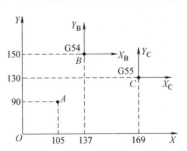

图 2-2-3 工件坐标系选择指令应用实例

A（-32，-60）、B（0，0）、C（32，-20），然后编制程序。

%0001
G54 G90
G00 X-32 Y-60   （当前点→A）
X0 Y0   （A→B）
X32 Y-20   （B→C）
M30

程序2：在工件坐标系 G55 下编程

分析：首先确定各点在工件坐标系 G55 下的坐标：A（-64，-40）、B（-32，20）、C（0，0），然后编制程序。

%0002
G55 G90
G00 X-64 Y-40   （当前点→A）
X-32 Y20   （A→B）
X0 Y0   （B→C）
M30

程序3：在工件坐标系 G54 和 G55 下编程

%0003
G54 G90
G00 X-32 Y-60   （当前点→A）
X0 Y0   （A→B）
G55 X0 Y0   （B→C）
M30

请注意程序1与程序3的区别。

2. 坐标平面选择指令 G17、G18、G19

指令 G17 用来选择 XY 平面，指令 G18 用来选择 ZX 平面，指令 G19 用来选择 YZ 平面，如图2-2-4所示。

1）坐标平面选择指令 G17、G18、G19 用于圆弧插补、刀具半径补偿和旋转变换等操作中加工平面的选择。

2）G17、G18、G19 都具有模态功能，可相互注销，G17 为默认值。移动指令与平面选择指令无关，如"G17 G01 Z10"程序控制下 Z 轴照样会移动。

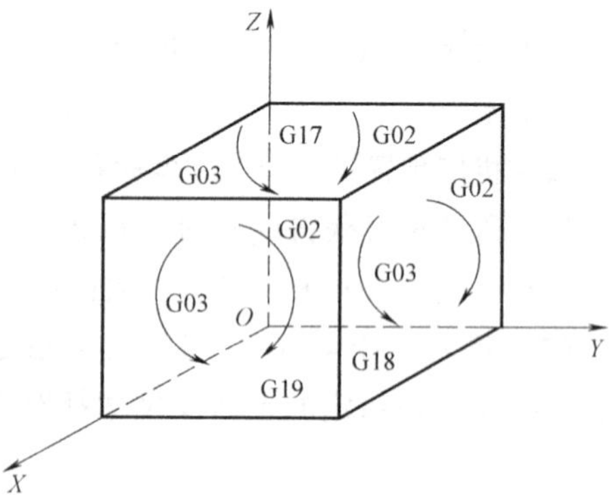

图2-2-4 坐标平面选择指令

二、基本加工指令

1. 快速定位指令 G00

（1）编程格式　G00 X(U)__ Y(V)__ Z(W)__。

（2）作用　命令刀具以点定位的控制方式从刀具所在点快速移动到终点，运动过程中不进行切削加工。

（3）参数含义

X＿Y＿Z＿设定以绝对编程方式表示刀具快速移动所到达的终点坐标，即刀具运动终点在工件坐标系中的坐标值。

U＿V＿W＿设定以增量编程方式表示刀具快速移动所到达的终点坐标，即刀具运动终点相对于刀具运动起点在 X 轴、Y 轴、Z 轴方向的增量值。

（4）说明

1）G00 指令一般用于加工前的快速定位或加工后的快速退刀，移动速度可通过操作面板上的"快速修调"按钮修正。

2）G00 指令执行时，刀具的移动速度不用程序指令 F 设定。

3）G00 指令的执行过程：刀具由运动起点加速到最大速度，然后快速移动，最后减速移动到终点，从而实现快速点定位。

4）G00 为模态指令，可由 G01、G02、G03 等功能指令注销。

5）刀具的实际运动路线不一定是直线，也可能是折线。

2. 直线插补指令 G01

（1）编程格式　G01 X(U)＿Y(V)＿Z(W)＿F＿。

（2）作用　使刀具以插补联动的方式按照 F 指定的进给速度从起点运动到终点，从而实现两坐标之间的直线运动，运动过程中可以进行切削加工。

（3）参数含义

X＿Y＿Z＿设定以绝对编程方式表示刀具直线插补所到达的终点坐标，即刀具以 F 指定的进给速度做直线插补运动的终点在工件坐标系中的坐标值。

U＿V＿W＿设定以增量编程方式表示刀具直线插补所到达的终点坐标，即刀具做直线插补运动的终点相对于刀具运动起点在 X 轴、Y 轴、Z 轴方向的增量值。

F＿设定刀具做直线插补运动时的进给速度，若在前面已经指定，可以省略。

（4）说明

1）F 设定每分钟进给量（单位为 mm/min）或每转进给量（单位为 mm/r），具体取决于单位设定指令 G94、G95。

2）G01 指令必须指定进给速度。

3）G01 指令执行时，刀具合成运动的移动速度与指令 F 设定的速度一致。

3. 圆弧插补指令 G02、G03

（1）编程格式

在 XY 平面上加工圆弧时的程序格式为：

$$G17 \begin{Bmatrix} G02 \\ G03 \end{Bmatrix} X \underline{\quad} Y \underline{\quad} \begin{Bmatrix} I \underline{\quad} J \underline{\quad} \\ R \underline{\quad} \end{Bmatrix} F \underline{\quad}$$

在 XZ 平面上加工圆弧时的程序格式为：

$$G18 \begin{Bmatrix} G02 \\ G03 \end{Bmatrix} X \underline{\quad} Z \underline{\quad} \begin{Bmatrix} I \underline{\quad} K \underline{\quad} \\ R \underline{\quad} \end{Bmatrix} F \underline{\quad}$$

在 YZ 平面上加工圆弧时的程序格式为：

$$G19 \begin{Bmatrix} G02 \\ G03 \end{Bmatrix} Y\_\_ Z\_\_ \begin{Bmatrix} J\_\_ K\_\_ \\ R\_\_ \end{Bmatrix} F\_\_$$

(2) 作用　使刀具在指定的平面内，按程序设定的进给速度进行圆弧插补。

(3) 参数含义

1) G17、G18、G19 设定圆弧插补时所选择的加工平面，G17 可以省略。

2) X__ Y__ Z__ 设定圆弧终点坐标值（可以采用 G90 编程方式，也可以采用 G91 编程方式）。

3) I、J、K 设定圆弧圆心相对于圆弧起点在 X、Y、Z 轴方向上的增量值。

4) R 设定圆弧半径。当从圆弧始点到终点所移动的角度小于 180°时，半径为正；当从圆弧始点到终点所移动的角度超过 180°时，半径为负；正好等于 180°时，正负均可。

(4) 说明

1) 顺时针或逆时针的判断是利用笛卡儿直角坐标系右手定则，从垂直于圆弧所在平面的坐标轴的正方向向负方向看去，看到的回转方向为顺时针用 G02，逆时针用 G03。图 2-2-5 所示为不同平面 G02 与 G03 的选择。

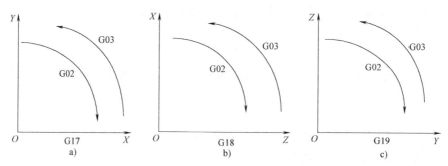

图 2-2-5　不同平面 G02 与 G03 的选择

2) 程序段中同时编入 R 与 I、K 时，R 有效。

3) 整圆编程时不能用 R 形式设定，只能用 I、J、K 形式，I、J、K 为零时可以省略，F 设定沿圆弧切向的进给速度。

4. 倒直角指令

直线插补（G01）及圆弧插补（G02、G03）程序段最后加上"C"就可以设定自动倒直角，如图 2-2-6 所示；如果附加参数 R 就可以自动倒出圆角，如图 2-2-7 所示。

(1) G01 倒直角指令

1) 倒直角编程格式：G01　X__ Y__ C__。

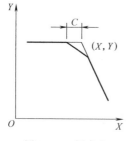

图 2-2-6　倒直角

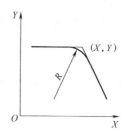

图 2-2-7　倒圆角

2) 作用：主要用于直线加工后倒直角的加工。

3) 参数含义：X、Y 后的坐标值为相交两元素的交点坐标。C 后的数值为未倒角时，假想交点与倒角开始点、终点间的距离。

(2) G01 倒圆角指令

1) 倒圆角编程格式：G01 X __ Y __ R __。

2) 作用：主要用于直线加工后倒圆角的加工。

3) 参数含义：X、Y 后的坐标值为相交两元素的交点坐标。R 后的数值为倒圆角的半径值。

三、刀具半径补偿指令

1. 刀具半径补偿功能原理

在数控铣削加工过程中，数控系统主要通过控制刀心轨迹来实现对工件的铣削加工，铣刀半径值的存在使实际加工过程中刀心轨迹和工件轮廓不重合。如图 2-2-8 所示，若不进行补偿，加工外轮廓时实际尺寸比图样尺寸小了一圈，加工内轮廓时则大了一圈。如果按照刀心轨迹编程（图 2-2-8 所示双点画线位置），特别是当刀具磨损、重磨以及换新刀等原因导致所用刀具直径变化时，增加了计算强度的同时又不一定能保证加工精度；如果以工件的实际轮廓尺寸（图 2-2-8 所示实线位置）来编制加工程序，并合理利用刀具半径补偿功能，以上问题就能得到解决。

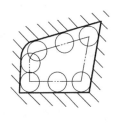

E2-2-1　刀具半径补偿指令

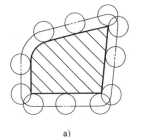

图 2-2-8　刀具半径补偿原理
a) 加工外轮廓　b) 加工内轮廓

需要在数控铣床或加工中心加工零部件时，直接根据零件的基本轮廓形状进行编程，通过刀具表将对应刀具号的实际半径值输入到相应的位置，如图 2-2-9 所示。数控系统在加工过程中只需识别按照图样尺寸编制的程序，并提取刀具半径偏置寄存器中的刀具半径值，可自动插补计算出刀具中心走刀轨迹，完成对零件的加工。

2. 刀具半径补偿指令的格式及参数含义

(1) 指令格式

G17/G18/G19 G41/G42 G00/G01 X __ Y __ Z __ F __ D __

……

G40 G00/G01 X __ Y __ Z __

(2) 各参数的含义

1) G17/G18/G19 设定刀具半径补偿所在平面，依次对应 XY 平面、ZX 平面、YZ 平面，默认的是 XY 平面。

2) X、Y、Z 设定刀补建立或取消时的坐标值，G91 编程方式下为相对坐标，G90 编程方式下或默认情况下为绝对坐标。

3) G41 设定左刀补、G42 设定右刀补，G40 为取消刀具半径补偿指令。

4) D 设定 G41/G42 的参数，如 D01 对应刀具表中 1 号刀具的半径值，这一半径值是预

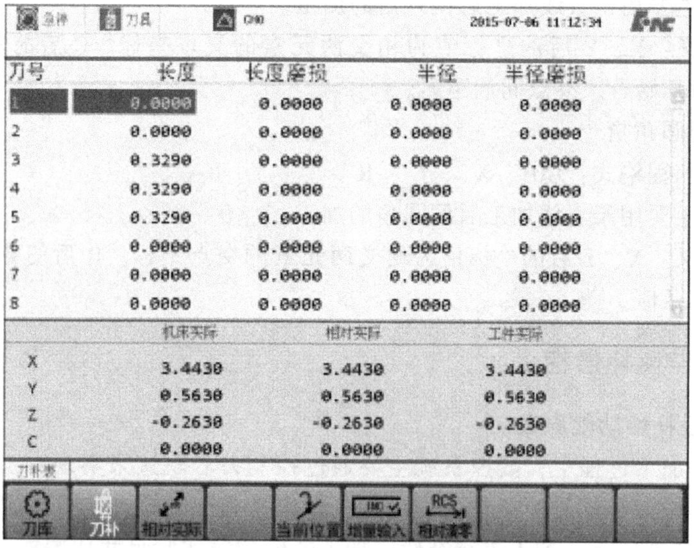

图 2-2-9 刀具半径补偿参数的设置

先输入到刀具表中的。

5）F 设定使用 G01 时直线插补的速度，默认指定进给速度的单位为 mm/min。

3. 刀具半径左、右补偿判断

对着垂直于补偿平面的坐标轴的正方向，向刀具的前进方向看去，如果刀具处在切削轮廓的左侧，称为刀具半径左补偿，如图 2-2-10 所示；反之，如果刀具在切削轮廓的右侧，称为刀具半径右补偿，如图 2-2-11 所示。

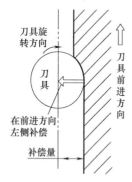

图 2-2-10 刀具半径左补偿

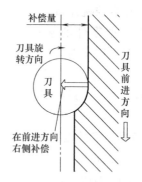

图 2-2-11 刀具半径右补偿

4. 刀具半径补偿的执行

刀具半径补偿的执行过程通常分为三个步骤，如图 2-2-12 所示。

（1）刀具半径补偿的建立　如图 2-2-12 所示，利用 G41/G42 配合 G00/G01 指令，在刀具从起刀点移动到 A 点的过程中建立刀补，使刀具在原来编程轨迹的基础上向左（G41 设定）或向右（G42 设定）偏置一个刀具半径值，轨迹如图 2-2-12 中的双点画线所示，在刀具半径补偿的建立过程中不进行零件加工。

（2）刀具半径补偿的进行　在 G41 或 G42 指令程序段后，程序进入补偿模式，此时刀具中心轨迹（图 2-2-12 所示双点画线）与编程轨迹（图 2-2-12 所示实线）始终偏离一个刀具半径的距离，直到刀具半径补偿取消为止。如果执行过程中用的是 G41 指令，则从 B 点（起点）出发顺时针走刀又回到 B 点（刀具实际走刀路线为实线），编程坐标值为从 A 点出发顺时针到 C 点（图 2-2-12 所示实线）。

（3）刀具半径补偿的取消 刀具半径补偿取消的过程也就是刀具撤离工件的过程，取消刀补时刀具中心轨迹的终点（B 点）与编程轨迹的终点（通常和起刀点为一个点）重合，图 2-2-12 中的虚线。刀补

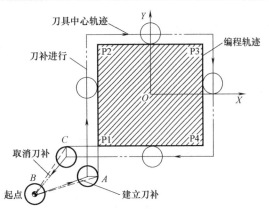

图 2-2-12 刀具半径补偿的执行过程

取消是刀具半径补偿建立的逆过程，用指令 G40 或 D00 来执行，在该过程中同样不进行零件的加工。

下面举例说明刀具半径补偿的使用，刀具半径补偿示例如图 2-2-13 所示，程序如下：

N10 G41 G01 X100 Y80 F100 D01   刀补建立

N20 Y200
N30 X200
N40 Y100
N50 X90 } 刀补进行

N60 G40 G00 X0 Y0   刀补取消

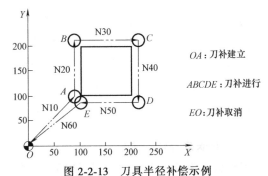

图 2-2-13 刀具半径补偿示例

5. 刀补使用过程中需要注意的问题

1）刀补的建立与取消只在 G00 或 G01 指令模式下才有效，不能使用 G02 或 G03 指令。通常采用 G01，更安全。

2）程序中，G41/G42 指令必须与 G40 指令成对出现。

3）采用切线或法线切入方式来建立或取消刀补有利于坐标的计算。

4）为防止刀具产生过切现象，建立与取消刀具补偿程序段的起点与终点位置选择在补偿方向的同一侧。

5）在刀具半径补偿的进行过程中，绝对不允许有两段以上的非补偿平面内的移动指令，且直到完全切削完毕并刀具安全地退出工件以后才能执行 G40 指令来取消刀补。

6）若补偿平面发生变化，G41 与 G42 指令切换补偿方向时通常要经过取消补偿的方式。

7）在刀具半径补偿执行过程中，铣刀的直线移动量及铣削内侧圆弧的半径值一定要大于等于刀具半径值，否则补偿时会产生干涉，而且系统在执行该程序段时会报警，从而停止加工。

6. 刀具半径补偿指令的应用

1）如图 2-2-14 所示，刀具磨损会导致所用刀具直径的变化，1 为未磨损时的刀具，2 为磨损后的刀具，不需要修改零件程序，只需要将刀具表中对应刀具号的半径值由 r_1 改为

r_2（参考图 2-2-9），继续用同一程序即可完成零件加工。

2) 如图 2-2-15 所示，刀心为 P_1，刀具半径为 r，精加工余量为 Δ。粗加工时，在刀具表半径偏置寄存器中输入 $r+\Delta$ 时，加工出双点画线轮廓；精加工时，依然用同一程序同一把刀具，将 $r+\Delta$ 修改为 r，则加工出实线轮廓。

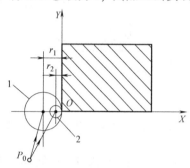

图 2-2-14　刀具磨损补偿加工

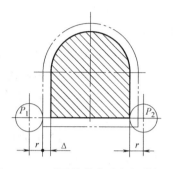

图 2-2-15　对零件轮廓进行粗精加工

3) 如图 2-2-16 所示，加工外轮廓时，将刀具表中的半径值设为 $+D$，刀具中心沿轮廓的外侧切削；加工内轮廓时，将 $+D$ 修改为 $-D$，刀具中心沿轮廓的内侧切削。这种编程与加工方法多适用于模具加工。

四、刀具长度补偿

1. 刀具长度补偿的原理

刀具长度补偿一般用于刀具轴向（Z 轴方向）的补偿，它使刀具在 Z 轴方向上的实际位移量比程序给定值增

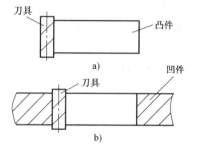

图 2-2-16　凹、凸型面的加工

加或减少一个偏置量，这样，当刀具在长度方向的尺寸发生变化时，可以在不改变程序的情况下，只改变偏置量，就可以加工出所要求的零件尺寸。

2. 刀具长度补偿指令的格式及参数含义

（1）指令格式　G17/G18/G19　G00/G01 G43/G44/G49　X＿Y＿Z＿H＿。

（2）参数含义

1) G17/G18/G19 设定进行刀具长度补偿的平面。

2) G49 为取消刀具长度补偿指令。

3) G43 设定刀具长度正补偿（刀具终点坐标加上偏置存储器中的值）。

4) G44 设定刀具长度负补偿（刀具终点坐标减去偏置存储器中的值）。

5) X、Y、Z 设定补偿值的终点坐标。

6) H 表示长度补偿偏置号，一般把假定的理想刀具长度与实际使用的刀具长度之差作为偏置量，设定在偏置存储器（H00~H99）中，它代表了刀补表中对应的长度补偿值。

（3）说明

1) 只有在垂直于 G17/G18/G19 所选平面的轴上才能进行刀具长度补偿。

2) 偏置号改变时新的偏置值并不叠加到旧的偏置值上，例如：设 H01 的偏置值为 10，H02 的偏置值为 20，则 G43 Z100 H01 Z 设定长度将达到 110，G43 Z100 H02 Z 设定长度将达到 120。

3) 刀具长度补偿只能同时加在一个轴上,因此在执行"G43 Z　H,G43 X　H"时,系统会报警。

4) 要进行刀具长度补偿轴的切换,必须先取消原刀具长度补偿。

如图 2-2-17 所示,图 a 表示钻头开始运动的起始位置;图 b 表示钻头正常工作时按工进速度加工的开始位置,以及所加工的孔的深度,这些参数都是在程序中规定的;图 c 表示钻头经过刃磨后长度方向上的尺寸减小 1.5mm,如按原程序进行加工,钻头工作进给的起始位置及所加工的孔的深度将如图 c 所示,钻孔深度减小 1.5mm。要改变这一状况,改变程序是非常麻烦的,因此规定用长度补偿的方法解决这一问题,让刀具实际的位移量比程序给定值多运行一个偏置量 (1.5mm),如图 d 所示,从而不用修改程序即可加工出程序中规定的孔深。

3. 刀具长度补偿应用举例

使用 G43 指令编写图 2-2-18 所示零件的加工程序,实际刀具长度比理想刀具长度短 4mm,刀号为 T0101,记录在刀具磨损补偿表中的值为-4。

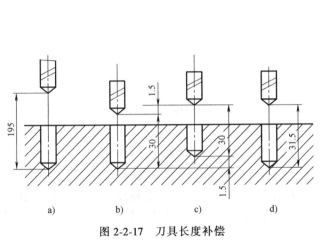

图 2-2-17　刀具长度补偿

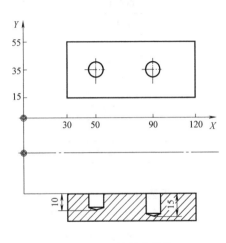

图 2-2-18　刀具长度补偿

编程如下(选择工件的上表面为 Z 轴的零面):

```
%0043                                    (程序名)
N1   G54 G00 X0 Y0 Z100                  (建立工件坐标系)
N2   M03 S500                            (主轴正转,转速 500r/min)
N5   G00 X50 Y35                         (刀具快速移动到第一个孔的位置)
N10  G43 G01 Z5 H01                      (建立刀具长度正补偿)
N15  G01  Z-10                           (刀具进行第一个孔的加工,到 Z-10 的位置)
N20  G00  Z5                             (快速抬刀,使刀具运动到 Z5 的位置)
N25  X90                                 (刀具快速移动到第二个孔的位置)
N30  G01  Z-15                           (刀具进行第二个孔的加工,到 Z-15 的位置)
N35  G00 G49 Z100                        (快速抬刀并取消刀具长度补偿)
N40  X0 Y0                               (刀具快速移动到 X0、Y0 位置)
N45  M05                                 (主轴停转)
N50  M30                                 (程序结束并复位)
```

 **任务实施**

一、加工准备

1. 机床选择

采用华中数控系统的数控铣床。

2. 工具、量具及毛坯

完成本任务零件加工所需要的工具、刀具、量具及毛坯清单见表 2-2-1。

表 2-2-1 工具、刀具、量具及毛坯清单

序号	名称	规格	数量	备注
1	机用虎钳	QH160	1 台	
2	游标卡尺	0~150mm/0.02mm	1 把	
3	深度卡尺	0~200mm/0.02mm	1 把	
4	立铣刀	φ10mm	1 把	
5	扳手			
6	垫铁			
7	木锤子			
8	毛坯	材料为 45 钢,尺寸为 120mm×140mm×15mm	1 块	
9	其他辅具	铜棒、铜皮、毛刷;计算器、相关指导书等	1 套	选用

3. 工艺分析

加工零件为单件生产,利用刀具半径左补偿顺铣,利用同一个程序加工内、外轮廓零件,铣内轮廓时刀具半径补偿设置为-5,铣外轮廓时刀具半径补偿设置为 5。内、外轮廓零件铣削加工工序卡见表 2-2-2。

表 2-2-2 内、外轮廓零件铣削加工工序卡

内、外轮廓零件铣削加工工序卡		零件图号	零件名称	材料	设备			
		—	内、外轮廓零件	45 钢	数控铣床			
工步号	工步内容	刀具号	刀具名称	刀具规格	主轴转速/(r/min)	进给速度/(mm/min)	刀具半径补偿号	刀具长度补偿号	备注
1	粗铣内、外轮廓	T01	立铣刀	φ10mm	2000	600	D01	H01	
2	精铣内、外轮廓	T01	立铣刀	φ10mm	3500	200	D01	H01	

二、数控程序编制

%1000　　　　　　　　　　　　　　　　　　　　　　　　　　（程序名）
G54 G00 X0 Y0 Z50　　　　　　　　　　　　　　　　　　（建立工件坐标系）
M03 S2000　　　　　　　　　　　　　　　　　　　（主轴正转,转速 2000r/min）
G41 G00 X20 Y-10 Z5 D01　　　　　　　　　　　　　（建立刀具半径左补偿）

```
G01 Z-5 F80                              （下刀至切削平面）
Y71 F600                                 （刀具直线插补运动到Y71的位置）
G02 X44 Y95 R24                          （刀具进行顺时针圆弧插补,圆弧的半径为24mm）
G01 X96                                  （刀具运动到X96的位置）
G03 X120 Y71 R24                         （刀具进行逆时针圆弧插补,圆弧的半径为24mm）
G01 Y45                                  （刀具运动到Y45的位置）
X100 Y15                                 （刀具运动到X100 Y15的位置）
X0                                       （刀具运动到X0的位置）
G00 Z50                                  （抬刀,刀具运动到Z50的位置）
G40 G00 X0 Y0                            （取消刀具半径补偿）
M05                                      （主轴停转）
M30                                      （程序结束并复位）
```

三、零件加工

1. 零件加工步骤

1) 按照工具、刀具、量具及毛坯清单领取相应的工具、刀具、量具及毛坯。
2) 开机上电，包括机床电源及操作面板电源。
3) 复位并返回机床参考点。
4) 装夹工件毛坯。
5) 装夹刀具并找正。
6) 对刀，建立工件坐标系。
7) 输入程序。
8) 校验程序。
9) 加工零件。
10) 测量零件。
11) 校正刀具磨损值。
12) 零件加工合格后，对机床进行相应的清理及保养。
13) 按照工具、刀具、量具清单归还相应的工具、刀具、量具。
14) 填写工作日志并关闭操作面板及机床电源。

E2-2-2 外轮廓
零件加工

2. 零件加工注意事项

1) 一定要严格按照以上步骤进行操作。
2) 切记先对刀，而后输入程序再进行程序校验。
3) 运行程序时先用单段方式进行，起刀点或循环起点无误的情况下方可切换到自动运行模式。
4) 在加工过程中注意将防护罩关闭。
5) 出现紧急情况马上按下急停按钮。
6) 注意进给倍率的控制。

四、检查评价

加工完成后，对零件进行去毛刺和尺寸检测，内、外轮廓零件加工检测评分表见表2-2-3。

表 2-2-3　内、外轮廓零件加工检测评分表

项目	序号	技术要求	配分	评分标准	得分
程序与工艺（15%）	1	程序正确完整	5	不规范处每处扣 1 分	
	2	切削用量合理	5	不合理处每处扣 1 分	
	3	工艺过程规范合理	5	不合理处每处扣 1 分	
机床操作（15%）	4	刀具选择及安装正确	5	不正确处每处扣 1 分	
	5	机床操作规范	5	不规范处每处扣 1 分	
	6	对刀及工件坐标系设定正确	5	不正确处每处扣 1 分	
零件质量（45%）	7	零件形状正确	30	不合理处每处扣 2 分	
	8	尺寸精度符合要求	8	不正确处每处扣 1 分	
	9	无毛刺	7	出错全扣	
文明生产（15%）	10	安全操作	5	不合格不得分	
	11	机床维护与保养	5	不合格不得分	
	12	工作场所整理	5	不合格不得分	
相关知识及职业能力（10%）	13	数控加工机床知识	2	酌情给分	
	14	自学能力	2	酌情给分	
	15	表达及沟通能力	2	酌情给分	
	16	合作能力	2	酌情给分	
	17	创新能力	2	酌情给分	

拓展训练

任务一　数控铣削内、外轮廓零件
任务单见附录表 B-1。

E2-2-3　平面轮廓类零件加工

项目三
特殊零件的加工

项目描述

零件的铣削加工中会出现相同元素的对称加工、旋转加工和缩放加工,通过本项目中三个典型任务的学习,应掌握数控编程中镜像功能指令、旋转功能指令和缩放功能指令的作用、编程方法等,以便更好地加工复杂零件。

任务一 镜像特征零件的加工

【工作任务】

E2-3-1 镜像特征零件加工

当工件相对于某一轴对称时,可以利用镜像功能和子程序,只对工件的某一部分进行加工编程,就可以加工出工件的对称部分。当某一轴的镜像有效时,该轴执行与编程方向相反的运动,对称轴可以是 X 轴、Y 轴,或 X、Y 轴均为对称轴,即关于原点对称。使用镜像功能指令编制加工程序,加工图 2-3-1 所示零件。

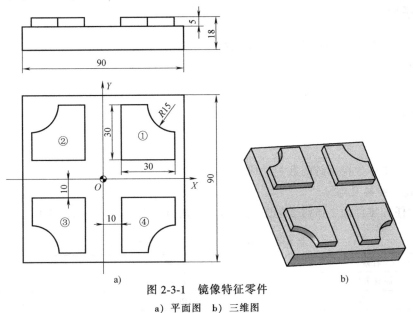

图 2-3-1 镜像特征零件
a) 平面图 b) 三维图

【知识目标】

1. 掌握镜像特征零件的数控加工方案及加工方法。

2. 掌握 G24、G25 指令的使用方法。

【能力目标】

1. 能熟练使用 G24、G25 加工指令编写程序。
2. 能利用镜像功能指令合理加工镜像特征零件。

一、镜像功能指令编程格式

G24 X__ Y__ Z__
M98 P__
G25 X__ Y__ Z__

二、作用

运用此功能指令可加工关于某坐标轴或某一点对称的图形。

三、参数含义

1) G24 表示建立镜像功能。

2) G25 表示取消镜像功能。

3) X、Y、Z 设定镜像位置。在 XY 平面内，当图形关于 X 轴对称时，镜像程序为：G24 Y0；当图形关于 Y 轴对称时，镜像程序为 G24 X0；当图形关于原点对称时，镜像程序为 G24 X0 Y0。

四、说明

G24 与 G25 均为模态指令，可相互注销。

一、加工准备

1. 机床选择

采用装有华中数控系统的数控铣床。

2. 工具、量具及毛坯

完成本任务零件加工所需要的工具、刀具、量具及毛坯清单见表 2-3-1。

表 2-3-1 工具、刀具、量具及毛坯清单

序号	名称	规格	数量	备注
1	游标卡尺	0~150mm/0.02mm	1把	
2	立铣刀	φ10mm	1把	
3	面铣刀	φ80mm	1把	
4	毛坯	材料为45钢,尺寸为 95mm×95mm×20mm	1块	
5	其他辅具	毛刷、计算器、相关指导书等	1套	选用

3. 加工工序卡（表2-3-2）

表2-3-2 镜像特征零件铣削加工工序卡

镜像特征零件铣削加工工序卡		零件图号	零件名称	材料	设备		
		—	镜像特征零件	45钢	数控铣床		
工步号	工步内容	刀具号	刀具名称	刀具规格	主轴转速/(r/min)	进给速度/(mm/min)	刀具半径补偿号	备注
1	铣削平整毛坯	T01	面铣刀	φ80mm	800	100		手动
2	铣削四个具有对称关系的凸台	T02	立铣刀	φ10mm	500	100	D01	

二、数控程序编制

设刀具起点距工件上表面10mm，切削深度5mm。数控程序如下：

主程序

%1000

N1　G54 G00 X0 Y0　　　　　　　　　　　　　　　　（建立工件坐标系）

N2　Z10　　　　　　　　　　　　　　　　　　　　　（定位至安全高度）

N3　M03 S500 F100　　　　（主轴正转，转速为500r/min，进给速度为100mm/min）

N4　M98 P1100　　　　　　　　　　　（调用程序名为1100的子程序加工凸台1）

N5　G24 X0　　　　　　　　　　　　　　　　　　　（通过Y轴进行镜像）

N6　M98 P1100　　　　　　　　　　　　　　　　　（调用子程序加工凸台2）

N7　G25 X0　　　　　　　　　　　　　　　　　　　（取消Y轴镜像）

N8　G24 X0 Y0　　　　　　　　　　　　　　　　　（建立X、Y轴镜像）

N9　M98 P1100　　　　　　　　　　　　　　　　　（调用子程序加工凸台3）

N10　G25 X0 Y0　　　　　　　　　　　　　　　　（取消X、Y轴镜像）

N11　G24 Y0　　　　　　　　　　　　　　　　　　（建立X轴镜像）

N12　M98 P1100　　　　　　　　　　　　　　　　（调用子程序加工凸台4）

N13　G25 Y0　　　　　　　　　　　　　　　　　　（取消X轴镜像）

N14　M30　　　　　　　　　　　　　　　　　　　　（程序结束并复位）

子程序

%1100

N1　G41 G00 X10 Y5 D01

N2　G01 Z-5 F100

N3　Y40

N4　X25

N5　G03 X40 Y25 R15

N6　G01 Y10

N7　X5

N8　G00 Z50
N9　G40 X0 Y0
N10　M99

三、零件加工

1. 零件加工步骤

1) 按照工具、刀具、量具及毛坯清单领取相应的工具、刀具、量具及毛坯。
2) 开机上电,包括机床电源及操作面板电源。
3) 复位并返回机床参考点。
4) 装夹工件毛坯。
5) 装夹刀具并找正。
6) 对刀,建立工件坐标系。
7) 输入程序。
8) 校验程序。
9) 加工零件。
10) 测量零件。
11) 调整刀具半径补偿值。
12) 零件加工合格后,对机床进行相应的清理及保养。
13) 按照工具、刀具、量具清单归还相应的工具、刀具、量具。
14) 填写工作日志并关闭操作面板及机床电源。

2. 零件加工注意事项

1) 一定要严格按照以上步骤进行操作。
2) 切记先对刀,而后输入程序再进行程序校验。
3) 运行程序时先用单段方式进行,程序无误的情况下方可切换到自动运行模式。
4) 在加工过程中注意将防护罩关闭。
5) 出现紧急情况马上按下急停按钮。
6) 注意进给倍率的控制。

四、检查评价

加工完成后,对零件进行去毛刺和尺寸检测,镜像特征零件加工检测评分表见表2-3-3。

表2-3-3　镜像特征零件加工检测评分表

项目	序号	技术要求	配分	评分标准	得分
程序与工艺 (15%)	1	程序正确完整	5	不规范处每处扣1分	
	2	切削用量合理	5	不合理处每处扣1分	
	3	工艺过程规范合理	5	不合理处每处扣1分	
机床操作 (15%)	4	刀具选择及安装正确	5	不正确处每处扣1分	
	5	机床操作规范	5	不规范处每处扣1分	
	6	对刀及工件坐标系设定正确	5	不正确处每处扣1分	

(续)

项目	序号	技术要求	配分	评分标准	得分
零件质量 （45%）	7	零件形状正确	30	不合理处每处扣2分	
	8	尺寸精度符合要求	8	不正确处每处扣1分	
	9	无毛刺	7	出错全扣	
文明生产 （15%）	10	安全操作	5	不合格不得分	
	11	机床维护与保养	5	不合格不得分	
	12	工作场所整理	5	不合格不得分	
相关知识及 职业能力 （10%）	13	数控加工机床知识	2	酌情给分	
	14	自学能力	2	酌情给分	
	15	表达及沟通能力	2	酌情给分	
	16	合作能力	2	酌情给分	
	17	创新能力	2	酌情给分	

 拓展训练

任务二　数控铣削镜像特征零件

任务单见附录表 B-2。

E2-3-2　旋转特征零件加工

任务二　旋转特征零件的加工

【工作任务】

使用旋转功能指令编制加工程序，加工图 2-3-2 所示零件，零件中需重复加工的图形由三个半圆组成，旋转中心为工件坐标系原点。

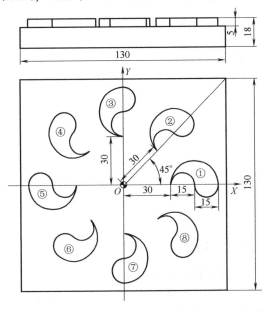
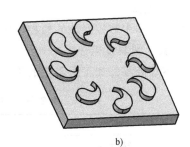

a)　　　　　　　　　　　　　b)

图 2-3-2　旋转特征零件

a) 平面图　b) 三维图

【知识目标】
1. 掌握旋转特征零件的数控加工方案及加工方法。
2. 掌握 G68、G69 指令的使用方法。

【能力目标】
1. 能熟练使用 G68、G69 加工指令编写程序。
2. 能合理利用旋转功能指令加工旋转特征零件。

知识链接

一、旋转功能指令编程格式

G68 X__ Y__ P__
M98 P__
G69

二、作用

运用此功能指令可按指定旋转中心及旋转方向将坐标系旋转一定的角度加工编程图形。

三、参数含义

1）G68 表示建立旋转功能。
2）G69 表示取消旋转功能。
3）X、Y 设定旋转中心的坐标。
4）P 设定每次旋转的角度，单位是度（逆时针旋转为正，顺时针旋转为负）。

四、说明

如果使用该指令的同时又存在刀具补偿，应先执行旋转功能，然后再进行刀具半径补偿、长度补偿。

任务实施

一、加工准备

1. 机床选择

采用装有华中数控系统的数控铣床。

2. 工具、量具及毛坯

完成本任务零件加工所需要的工具、刀具、量具及毛坯清单见表 2-3-4。

表 2-3-4 工具、刀具、量具及毛坯清单

序号	名称	规格	数量	备注
1	游标卡尺	0~150mm/0.02mm	1 把	
2	立铣刀	φ10mm	1 把	

(续)

序号	名称	规格	数量	备注
3	面铣刀	φ80mm	1把	
4	毛坯	材料为45钢,尺寸为132mm×132mm×18mm	1块	
5	其他辅具	毛刷、计算器、相关指导书等	1套	选用

3. 加工工序卡（表2-3-5）

表2-3-5　旋转特征零件铣削加工工序卡

旋转特征零件铣削加工工序卡		零件图号	零件名称	材料	设备	
		—	旋转特征零件	45钢	数控铣床	
工步号	工步内容	刀具号	刀具名称	刀具规格	主轴转速/(r/min)	进给速度/(mm/min)	刀具半径补偿号	备注
1	铣削平整毛坯	T01	面铣刀	φ80mm	800			手动
2	铣削八个水滴状凸台	T02	立铣刀	φ10mm	500	100	D01	

二、数控程序编制

设刀具起点距工件上表面10mm，切削深度5mm。数控程序如下：

主程序

%1000

N01　G54

N05　G00 X0 Y0 Z10

N10　M03 S500

N20　M98 P1100　　　　　　　　　　　　　　　　　（加工凸台1）

N30　G68 X0 Y0 P45　　　　　　　　　　　　　　　（坐标系旋转45°）

N40　M98 P1100　　　　　　　　　　　　　　　　　（加工凸台2）

N50　G69　　　　　　　　　　　　　　　　　　　　（取消旋转）

N60　G68 X0 Y0 P90　　　　　　　　　　　　　　　（坐标系旋转90°）

N70　M98 P1100　　　　　　　　　　　　　　　　　（加工凸台3）

N80　G69　　　　　　　　　　　　　　　　　　　　（取消旋转）

……

N200　M30　　　　　　　　　　　　　　　　　　　（程序结束并复位）

子程序

%1100

N100　G42 G01 X30 Y0 F100

N110　G01 Z-5 F80

N120　G02 X45 Y0 I7.5 J0 F100

N130　G03 X60 Y0 I7.5 J0

N140　G03 X30 Y0 I-15 J0

N150　G01 Z50

N160　G40 G00 X0 Y0
N170　M99

三、零件加工

1. 零件加工步骤

1) 按照工具、刀具、量具及毛坯清单领取相应的工具、刀具、量具及毛坯。
2) 开机上电,包括机床电源及操作面板电源。
3) 复位并返回机床参考点。
4) 装夹工件毛坯。
5) 装夹刀具并找正。
6) 对刀,建立工件坐标系。
7) 输入程序。
8) 校验程序。
9) 加工零件。
10) 测量零件。
11) 调整刀具半径补偿值。
12) 零件加工合格后,对机床进行相应的清理及保养。
13) 按照工具、刀具、量具清单归还相应的工具、刀具、量具。
14) 填写工作日志并关闭操作面板及机床电源。

2. 零件加工注意事项

1) 一定要严格按照以上步骤进行操作。
2) 切记先对刀,而后输入程序再进行程序校验。
3) 运行程序时先用单段方式进行,程序无误的情况下方可切换到自动运行模式。
4) 在加工过程中注意将防护罩关闭。
5) 出现紧急情况马上按下急停按钮。
6) 注意进给倍率的控制。

四、检查评价

加工完成后,对零件进行去毛刺和尺寸检测,旋转特征零件加工检测评分表见表2-3-6。

表2-3-6　旋转特征零件加工检测评分表

项目	序号	技术要求	配分	评分标准	得分
程序与工艺 (15%)	1	程序正确完整	5	不规范处每处扣1分	
	2	切削用量合理	5	不合理处每处扣1分	
	3	工艺过程规范合理	5	不合理处每处扣1分	
机床操作 (15%)	4	刀具选择及安装正确	5	不正确处每处扣1分	
	5	机床操作规范	5	不规范处每处扣1分	
	6	对刀及工件坐标系设定正确	5	不正确处每处扣1分	
零件质量 (45%)	7	零件形状正确	30	不合理处每处扣2分	

(续)

项目	序号	技术要求	配分	评分标准	得分
零件质量 (45%)	8	尺寸精度符合要求	8	不正确处每处扣1分	
	9	无毛刺	7	出错全扣	
文明生产 (15%)	10	安全操作	5	不合格不得分	
	11	机床维护与保养	5	不合格不得分	
	12	工作场所整理	5	不合格不得分	
相关知识及 职业能力 (10%)	13	数控加工机床知识	2	酌情给分	
	14	自学能力	2	酌情给分	
	15	表达及沟通能力	2	酌情给分	
	16	合作能力	2	酌情给分	
	17	创新能力	2	酌情给分	

拓展训练

任务三 数控铣削旋转特征零件

任务单见附录表 B-3。

E2-3-3 缩放特征
零件加工

任务三 缩放特征零件的加工

【工作任务】

使用缩放功能指令编制加工程序,加工图 2-3-3 所示零件,已知三角形凸台 $ABC \rightarrow A'B'C'$ 的缩放系数为 1.5。

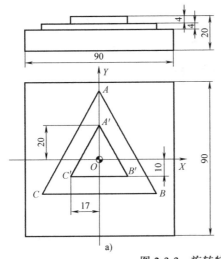
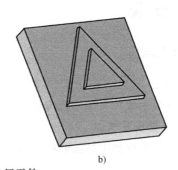

图 2-3-3 旋转特征零件

a) 平面图 b) 三维图

【知识目标】

1. 掌握缩放特征零件的数控加工方案及加工方法。

2. 掌握 G50、G51 指令的使用方法。

【能力目标】

1. 能熟练使用 G50、G51 加工指令编写程序。
2. 能合理利用缩放功能指令加工具有特征比例的零件。

知识链接

一、缩放功能指令编程格式

G51　X＿　Y＿　P＿
M98　P＿
G50

二、作用

运用此功能指令可以用一个程序加工出形状相同、尺寸不同的形体，所加工的形体按指定的比例缩小或放大。

三、参数含义

1）G51 表示建立缩放功能。
2）G50 表示取消缩放功能。
3）X、Y 设定缩放中心的坐标。
4）P 设定缩放倍数，P 参数>1 时，放大加工；P 参数<1 时，缩小加工。

四、说明

在使用该指令时，刀具运动的坐标值是以 X、Y 设定的坐标值为缩放中心，按 P 参数规定的缩放比例进行计算的。在有刀具补偿的情况下，先执行缩放功能，而后执行刀具补偿指令。G51、G50 为模态指令，可相互注销，G50 为默认值。

任务实施

一、加工准备

1. 机床选择

采用装有华中数控系统的数控铣床。

2. 工具、量具及毛坯

完成本任务零件加工所需要的工具、刀具、量具及毛坯清单见表 2-3-7。

表 2-3-7　工具、刀具、量具及毛坯清单

序号	名称	规　　格	数量	备注
1	游标卡尺	0～150mm/0.02mm	1 把	
2	立铣刀	φ10mm	1 把	

(续)

序号	名称	规格	数量	备注
3	面铣刀	φ80mm	1把	
4	毛坯	材料为45钢，尺寸为92mm×92mm×20mm	1块	
5	其他辅具	毛刷、计算器、相关指导书等	1套	选用

3. 加工工序卡（表2-3-8）

表2-3-8 缩放特征零件铣削加工工序卡

缩放特征零件铣削加工工序卡		零件图号	零件名称	材料	设备			
		—	缩放特征零件	45钢	数控铣床			
工步号	工步内容	刀具号	刀具名称	刀具规格	主轴转速/(r/min)	进给速度/(mm/min)	刀尖半径补偿号	备注
1	铣削平整毛坯	T01	面铣刀	φ80mm	800			手动
2	铣削两个三角形凸台	T02	立铣刀	φ10mm	500	100	D01	

二、数控程序编制

已知缩放系数为1.5，设刀具起点距工件上表面为10mm。数控程序如下：

主程序

%1000

N1　G54　　　　　　　　　　　　　　　　　　　　　（建立工件坐标系）

N2　G00 X-50 Y-50　　　　　　　　　　　　　　　　（定位至加工起点）

N3　Z10　　　　　　　　　　　　　　　　　　　　　（定位至安全高度）

N4　M03 S500 F100　　　　　　　　　　　　　　　　（主轴正转，转速500r/min）

N5　G01 Z-4

N6　M98 P1100　　　　　　　　　　　　　　　　　　（调用子程序1100，加工凸台△A'B'C'）

N7　G01 Z-8

N8　G51 X0 Y0 P1.5　　　　　　　　　　　　　　　　（建立缩放功能）

N9　M98 P1100　　　　　　　　　　　　　　　　　　（调用子程序1100，加工凸台△ABC）

N10　G50　　　　　　　　　　　　　　　　　　　　 （取消缩放功能）

N11　M05　　　　　　　　　　　　　　　　　　　　 （主轴停转）

N12　M30　　　　　　　　　　　　　　　　　　　　 （主程序结束并复位）

子程序

%1100

N010　G42 G01 X-17 Y-10 D01

N020　G01 X17 Y-10

N030　X0 Y20

N040　X-17 Y-10

N050　G00 Z10

N060　G40 G00 X-50 Y-50

N070　M99

三、零件加工

1. 零件加工步骤

1）按照工具、刀具、量具及毛坯清单领取相应的工具、刀具、量具及毛坯。
2）开机上电，包括机床电源及操作面板电源。
3）复位并返回机床参考点。
4）装夹工件毛坯。
5）装夹刀具并找正。
6）对刀，建立工件坐标系。
7）输入程序。
8）校验程序。
9）加工零件。
10）测量零件。
11）调整刀具半径补偿值。
12）零件加工合格后，对机床进行相应的清理及保养。
13）按照工具、刀具、量具清单归还相应的工具、刀具、量具。
14）填写工作日志并关闭操作面板及机床电源。

2. 零件加工注意事项

1）一定要严格按照以上步骤进行操作。
2）切记先对刀，而后输入程序再进行程序校验。
3）运行程序时先用单段方式进行，程序无误的情况下方可切换到自动运行模式。
4）在加工过程中注意将防护罩关闭。
5）出现紧急情况马上按下急停按钮。
6）注意进给倍率的控制。

四、检查评价

加工完成后，对零件进行去毛刺和尺寸检测，缩放特征零件加工检测评分表见表2-3-9。

表2-3-9　缩放特征零件加工检测评分表

项目	序号	技术要求	配分	评分标准	得分
程序与工艺（15%）	1	程序正确完整	5	不规范处每处扣1分	
	2	切削用量合理	5	不合理处每处扣1分	
	3	工艺过程规范合理	5	不合理处每处扣1分	
机床操作（15%）	4	刀具选择及安装正确	5	不正确处每处扣1分	
	5	机床操作规范	5	不规范处每处扣1分	
	6	对刀及工件坐标系设定正确	5	不正确处每处扣1分	
零件质量（45%）	7	零件形状正确	30	不合理处每处扣2分	
	8	尺寸精度符合要求	8	不正确处每处扣1分	

(续)

项目	序号	技术要求	配分	评分标准	得分
零件质量(45%)	9	无毛刺	7	出错全扣	
文明生产（15%）	10	安全操作	5	不合格不得分	
	11	机床维护与保养	5	不合格不得分	
	12	工作场所整理	5	不合格不得分	
相关知识及职业能力（10%）	13	数控加工机床知识	2	酌情给分	
	14	自学能力	2	酌情给分	
	15	表达及沟通能力	2	酌情给分	
	16	合作能力	2	酌情给分	
	17	创新能力	2	酌情给分	

拓展训练

任务四　数控铣削缩放特征零件

任务单见附录表 B-4。

项目四
孔系零件的加工

项目描述

本项目对孔系零件进行加工,通过学习,应进一步掌握数控铣床系统操作面板的使用方法和程序编制方法,尤其应熟练掌握数控铣床加工孔系零件的方法,并使用固定循环指令进行编程。

任务 过渡连接板的加工

【工作任务】

过渡连接板零件如图 2-4-1 所示,毛坯上表面及外轮廓均已加工结束,要求完成零件中孔系加工程序的编制,毛坯为 120mm×80mm×40mm 的 45 钢。

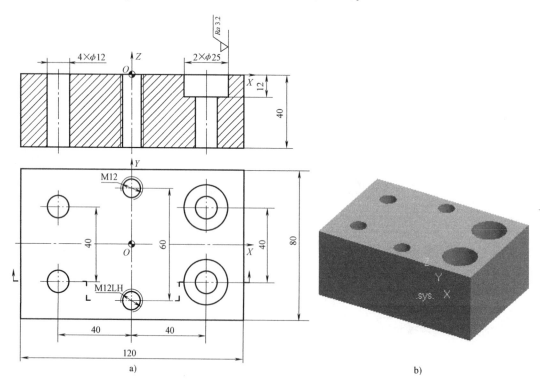

图 2-4-1 过渡连接板零件
a) 平面图 b) 三维图

【知识目标】
1. 熟练掌握固定循环指令的格式及参数含义。
2. 熟练掌握钻孔，镗孔，攻左旋、右旋螺纹的方法。

【能力目标】
1. 能正确选择和使用固定循环指令。
2. 掌握孔加工工艺的制订及编程方法。
3. 掌握切削用量的合理选择。
4. 独立完成零件加工。

 知识链接

一、固定循环指令原理

孔加工固定循环指令动作如图 2-4-2 所示，虚线表示快速进给，实线表示切削进给，通常包含以下六个动作。

动作 1：X 轴和 Y 轴定位，使刀具快速定位到孔加工位置。

动作 2：快进到 R 点，刀具自初始点快速进给到 R 点。

动作 3：孔加工，以切削进给方式执行孔的加工。

动作 4：在孔底的动作，包括暂停、主轴准停、刀具移动等动作。

动作 5：返回到 R 点，继续孔的加工而又可以安全移动刀具时，选择退刀到 R 点。

动作 6：快速返回到初始点，孔加工完成后一般退刀到初始点。

相关平面概念如下：

（1）初始平面 是为安全下刀而规定的一个平面。初始平面到工件表面的距离可以任意设定在一个安全的高度上，当使用同一把刀具加工若干孔时，才使用 G98 指令使刀具返回到初始平面的初始点。

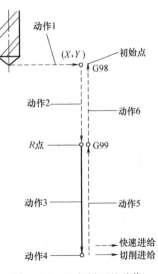

图 2-4-2 固定循环的动作

（2）R 点平面 又叫作 R 参考平面，这个平面是刀具下刀时由快速进给转为切削进给的高度方向的平面，距工件表面的距离主要考虑表面尺寸的变化，一般可取 2~5mm。使用 G99 指令时，刀具将返回到该平面的 R 点。

（3）孔底平面 加工不通孔时，孔底平面高度尺寸就是孔底 Z 向高度。加工通孔时，一般刀具还要伸出工件底平面一段距离，主要是保证全部孔深都加工到要求尺寸。钻削加工时还应该考虑钻头钻尖对孔深的影响。

孔加工固定循环指令与平面选择指令无关，即不管选择了哪个平面，孔加工都在 XY 平面上定位，并在 Z 方向上钻孔。

二、固定循环指令编程

1. 数据形式

固定循环指令代码中的地址 R 与地址 Z 的数据指定与 G90 或 G91 指令的方式选择有关，

如图 2-4-3 所示，选择 G90 方式时，R 参数与 Z 参数一律取其终点坐标值；选择 G91 方式时，R 参数指从其初始点到 R 点的距离，Z 参数指从 R 点到孔底平面上 Z 点的距离。

2. 返回点平面

固定循环指令执行过程中，由 G98 或 G99 指令确定刀具返回进给到达的平面。如果选择 G98 指令，则自该程序段开始，刀具返回到初始平面；如果选择 G99 指令，则返回到 R 点平面。

3. 固定循环指令的格式

指令格式为：G73～G89 X__ Y__ Z__ R__ Q__ P__ F__ L__。

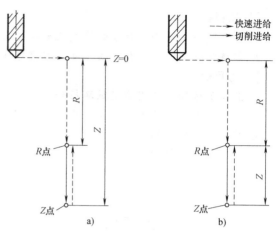

图 2-4-3　G90 和 G91 指令参数设定原理
a) G90 方式　b) G91 方式

其中：

X、Y：指定要加工孔的位置，输入形式与 G90/G91 的选择有关。

Z：指定孔底平面位置（与 G90/G91 的选择有关）。

R：指定 R 点平面位置（与 G90/G91 的选择有关）。

Q：在 G73/G83 方式中指定每次加工深度，在 G76/G87 方式中指定刀具的径向移动量。Q 值一律采用增量值，而与 G90/G91 的选择无关。

P：指定刀具在孔底的暂停时间（单位：毫秒）。

F：指定孔加工的切削进给速度。

L：指定孔加工的重复次数，忽略此参数时系统默认为 L1。L 为非模态指令，仅在本程序段中有效。

当指定 L0 时，则只存储孔加工数据而不执行加工动作；如果选择 G90 方式，刀具在原来的孔位重复加工；如果选择 G91 方式，则用一个程序段就可实现分布在一条直线上的若干个等距孔的加工。

Z、R、Q、P、F 指令都是模态指令，因此只要在开始时指定了这些指令参数，在后面的连续加工中不必重新指定，仅需要修改变化的数据。

G80 为取消孔加工固定循环指令。如果程序中间出现了任何 01 组的 G 代码，则孔加工固定循环也会自动取消，因此用 01 组的 G 代码取消固定循环与 G80 的效果是一样的。

现对各种孔加工固定循环方式进行简要说明。

（1）高速往复排屑钻深孔循环指令 G73

指令格式：G73 X__ Y__ Z__ R__ Q__ K__ P__ F__。

孔加工动作如图 2-4-4 所示，通过 Z 轴方向的间断进给可以实现断屑与排屑。用 Q 设定每一次的加工深度（为增量值且用负值表示），每次实现的退刀量为 K。

（2）往复排屑钻深孔循环指令 G83

指令格式：G83 X__ Y__ Z__ R__ Q__ K__ P__ F__。

孔加工动作如图 2-4-5 所示，与 G73 不同的是，刀具每次间歇进给后都退回到 R 点平

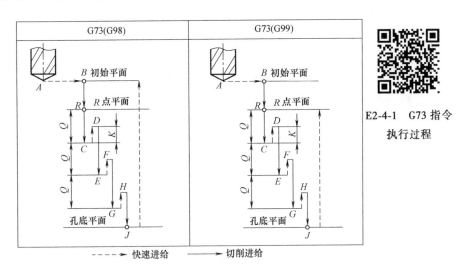

图 2-4-4　G73 高速往复排屑钻深孔循环指令动作

面。在图 2-4-5 中，K 表示刀具间断进给每次下降时由快进变为工进的那一点，到前一次切削进给下降对应点之间的距离，K 值由系统内的参数确定。当被加工孔较深时，可采用 G83 指令方式。

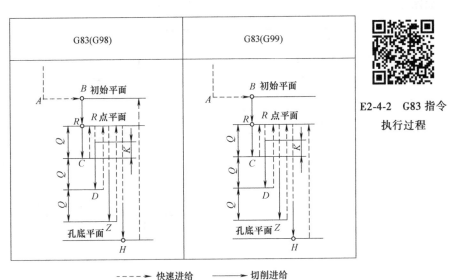

图 2-4-5　G83 往复排屑钻深孔循环指令动作

（3）精镗孔循环指令 G76

指令格式：G76　X__　Y__　Z__　R__　P__　I__/J__　F__。

孔加工动作如图 2-4-6 所示，主轴在孔底定向停止后，镗刀向刀尖反方向快速移动 I 或 J；然后向上快速退到初始点或 R 点，向刀尖正方向快移 I 或 J，最后主轴恢复正转。这种带有让刀的退刀不会划伤已加工平面，可保证镗孔精度。

（4）钻孔循环指令 G81 与锪孔循环指令 G82

G81 指令格式：G81　X__　Y__　Z__　R__　F__。

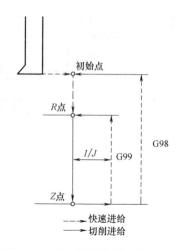

图 2-4-6　G76 精镗孔循环指令动作

G82 指令格式：G82　X__　Y__　Z__　R__　P__　F__。

这两种孔加工方式，刀具以切削进给方式加工到孔底，然后以快速进给方式回到初始点或 R 点。G81 指令用于一般的钻孔（通常用来钻中心孔、较浅的孔），G82 指令与 G81 指令唯一的不同点，就是 G82 指令在孔底增加了暂停，因而适用于锪孔或镗阶梯孔。孔加工动作如图 2-4-7 所示。

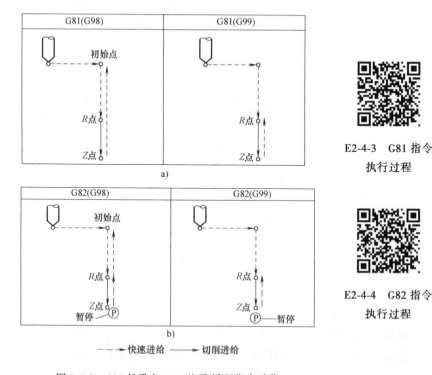

E2-4-3　G81 指令执行过程

E2-4-4　G82 指令执行过程

图 2-4-7　G81 钻孔与 G82 锪孔循环指令动作

(5) 精镗孔循环指令 G85 与精镗阶梯孔循环指令 G89

G85 指令格式：G85　X__　Y__　Z__　R__　F__。

G89 指令格式：G89　X＿＿　Y＿＿　Z＿＿　R＿＿　P＿＿　F＿＿。

这两种孔加工方式中，刀具以切削进给的方式加工到孔底，然后又以切削进给的方式回到 R 点平面；G89 指令在孔底有暂停，因此适用于精镗阶梯孔等加工。孔加工动作如图 2-4-8 所示。

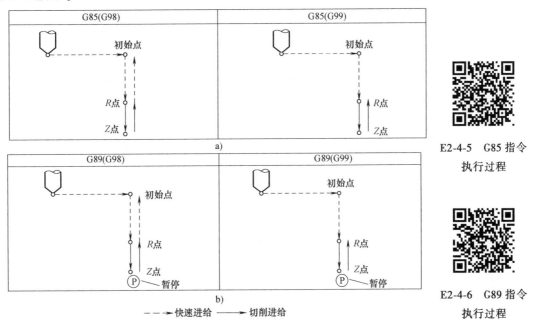

图 2-4-8　G85 精镗孔与 G89 精镗阶梯孔指令动作

E2-4-5　G85 指令执行过程

E2-4-6　G89 指令执行过程

（6）攻右旋螺纹循环指令 G84 与攻左旋螺纹循环指令 G74

指令格式与 G81/G82 格式相同，系统根据主轴转速和螺纹的螺距自动计算 F 值。G84 设定主轴在孔底反转，刀具返回到 R 点平面后主轴恢复正转；G74 设定主轴在孔底正转，刀具返回到 R 点平面后主轴恢复反转。如果在程序段中设定了暂停并有效，则在刀具到达孔底和返回 R 点时先执行动作，在攻螺纹期间忽略进给倍率且不能停机，直到完成该固定循环指令动作。孔加工动作如图 2-4-9 所示。

（7）镗孔循环指令 G86

指令格式与 G81 相同，但加工到孔底后主轴停转，当返回到 R 点平面（G99 指令）或初始平面（G98 指令）后，主轴再重新起动。采用这种方式加工时，如果连续加工的孔间距较小，可能出现刀具已经定位到下一个孔的加工位置，而主轴尚未达到规定转速的情况。为此，可以在各个孔加工的动作之间加入暂停指令，以使主轴获得稳定的转速。在使用 G74 指令和 G84 指令时也有类似的情况，同样应该注意避免。孔加工动作如图 2-4-10 所示。

（8）镗孔循环指令 G88

指令格式：G88　X＿＿　Y＿＿　Z＿＿　R＿＿　P＿＿　F＿＿。

刀具到达孔底后暂停，主轴停转且系统进入进给保持状态，在此情况下可以执行手动操作，但为了安全起见，应该把刀具从孔中退出；为了再起动加工，手动操作后应该再转换到纸带方式或存储器方式，按"循环启动"按钮，刀具快速回到 R 点或初始点，然后主轴正转。孔加工动作如图 2-4-11 所示。

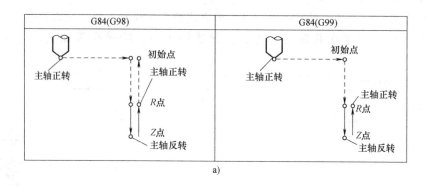

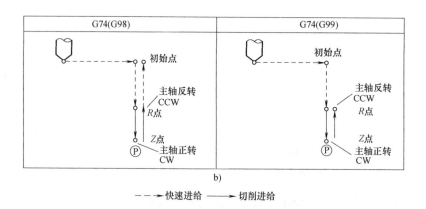

图 2-4-9　G84 攻右旋螺纹与 G74 攻左旋螺纹指令动作

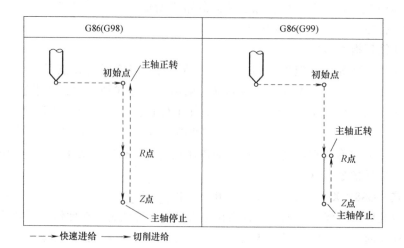

图 2-4-10　G86 镗孔指令动作

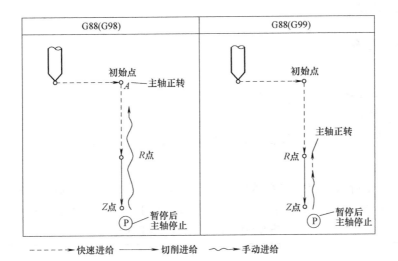

图 2-4-11　G88 镗孔指令动作

(9) 反镗孔循环指令 G87

指令格式：G87　X__　Y__　Z__　R__　Q__　F__。

反镗孔加工动作如图 2-4-12 所示，X 轴和 Y 轴定位后，主轴定向停止，刀具以与刀尖相反的方向按 Q 设定的偏移量移动，并快速定位到孔底（R 点）；在这里刀具按原偏移量返回，然后主轴正转，沿 Z 轴向上加工到 Z 点；在这个位置主轴再次定向停止后，刀具再次按原偏移量反向移动，然后主轴向孔的上方快速移动到达初始平面，并按原偏移量返回后主轴正转，继续执行下一个程序段。采用这种循环方式时，只能让刀具返回到初始平面而不能返回到 R 点平面，因为 R 点平面低于 Z 点平面，本指令参数设定与 G76 通用。

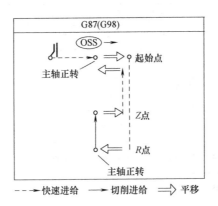

图 2-4-12　G87 反镗孔指令动作

一、加工准备

1．机床选择
采用装有华中数控系统的数控铣床。

2．工具、量具
完成本任务零件加工所需要的工具、刀具、量具清单见表2-4-1。

3．工艺分析
分析图 2-4-1 所示过渡连接板零件，加工内容有：4 个 φ12mm 通孔、2 个 φ25mm 台阶孔、1 个右旋螺纹、1 个左旋螺纹。过渡连接板零件加工工序卡见表 2-4-2。

表 2-4-1 工具、刀具、量具清单

序号	名称	规格	数量	备注
1	机用虎钳	QH160	1 台	
2	游标卡尺	0~150mm/0.02mm	1 把	
3	深度游标卡尺	0~200mm/0.02mm	1 把	
4	中心钻	A3	1 把	
5	高速工具钢钻头	φ12mm、φ10.2mm	各 1 把	
6	立铣刀	φ24mm	1 把	
7	镗孔刀	φ25mm	1 把	
8	右旋螺纹丝锥	M12	1 把	
9	左旋螺纹丝锥	M12	1 把	
10	螺纹塞规	M12	1 个	

表 2-4-2 过渡连接板零件铣削加工工序卡

过渡连接板零件铣削加工工序卡		零件图号	零件名称	材料	设备			
		—	过渡连接板	45 钢	数控铣床			
工步号	工步内容	刀具号	刀具名称	刀具规格	主轴转速/(r/min)	进给速度/(mm/min)	刀具半径补偿号	刀具长度补偿号	备注
1	钻中心孔	T01	中心钻	A3	1200	120	D01	H01	
2	加工 φ12mm 孔	T02	高速工具钢钻头	φ12mm	600	80	D02	H02	
3	加工 M12 底孔（φ10.2mm）	T03	高速钢钻头	φ10.2mm	650	80	D03	H03	
4	粗加工 φ25mm 台阶孔	T04	立铣刀	φ24mm	400	60	D04	H04	
5	精加工 φ25mm 台阶孔	T05	镗刀	φ25mm	700	70	D05	H05	
6	攻 M12 左旋螺纹	T06	右旋螺纹丝锥	M12	150	17	D06	H06	
7	攻 M12 右旋螺纹	T07	左旋螺纹丝锥	M12	150	17	D07	H07	

二、数控程序编制

```
%0001
G40 G80 G49 G94 G21 G17
T01 M06                                              （钻中心孔）
G90 G54
M03 S1200
G43 G00 Z100 H01
X0 Y0
Z20
G99 G81 X-40 Y20 Z-7 R3 F120
X0 Y30
X40 Y20
Y-20
X0 Y-30
X-40 Y-20
G80
G49 G00 Z-100
M05
T02 M06                                              （加工 φ12mm 孔）
M03 S600
G43 G00 Z100 H02
X0 Y0
Z20
G98 G83 X-40 Y20 Z-50 R3 Q-10 K5 F80
X40
Y-20
X-40
G80
G49 G00 Z-100
M05
T03 M06                                              （加工 M12 底孔）
M03 S650
G43 G00 Z100 H03
X0 Y0
Z20
```

G98 G83 X0 Y30 Z-50 R3 Q-5 K3 F80

Y-30

G80

G49 G00 Z-100

M05

T04 M06　　　　　　　　　　　　　　　　　　（粗加工 φ25mm 台阶孔）

M03 S400

G43 G00 Z100 H04

X0 Y0

Z20

G98 G82 X40 Y20 Z-12 R3 P4000 F60

Y-20

G80

G49 G00 Z-100

M05

T05 M06　　　　　　　　　　　　　　　　　　（精加工 φ25mm 台阶孔）

M03 S700

G43 G00 Z100 H05

X0 Y0

Z20

G98 G76 X40 Y20 Z-12 R3 P1000 F70

Y-20

G80

G49 G00 Z-100

M05

T06 M06　　　　　　　　　　　　　　　　　　（攻 M12 左旋螺纹）

M03 S150

G43 G00 Z100 H06

X0 Y0

Z20

G98 G84 X0 Y30 Z-50 R3 P5000 F1.75

G80

G49 G00 Z-100

M05

T07 M06　　　　　　　　　　　　　　　　　　（攻 M12 右旋螺纹）

M04 S150

G43 G00 Z100 H07

X0 Y0

Z20

G98 G74 X0 Y-30 Z-50 R6 P5000 F1.75

G80

G49 G00 Z-100

M30

三、零件加工

1. 零件加工步骤

1）按照工具、刀具、量具清单领取相应的工具、刀具、量具。

2）开机上电，包括机床电源及操作面板电源。

3）复位并返回机床参考点。

4）装夹工件毛坯。

5）装夹刀具并找正。

6）对刀，建立工件坐标系。

7）输入程序。

8）校验程序。

9）加工零件。

10）测量零件。

11）校正刀具磨损值。

12）零件加工合格后，对机床进行相应的清理及保养。

13）按照工具、刀具、量具清单归还相应的工具、刀具、量具。

14）填写工作日志并关闭操作面板及机床电源。

E2-4-7 孔类零件加工

2. 零件加工注意事项

1）一定要严格按照以上步骤进行操作。

2）切记先对刀，而后输入程序再进行程序校验。

3）运行程序时先用单段方式进行，起刀点或循环起点无误的情况下方可切换到自动运行模式。

4）在加工过程中注意将防护罩关闭。

5）出现紧急情况马上按下急停按钮。

6）注意进给倍率的控制。

四、检查评价

加工完成后，对零件进行去毛刺和尺寸检测，过渡连接板零件加工检测评分表见表 2-4-3。

表 2-4-3　过渡连接板零件加工检测评分表

序号	项目		配分	评 分 标 准	得分
1	任务实施 （40分）	工件安装	2	装夹方法不正确扣2分	
2		刀具安装	2	刀具装夹不正确扣2分	
3		程序输入	2	程序输入不正确每处扣0.5分	
4		对刀操作	3	对刀不正确每处扣1分	
5		零件加工过程	3	加工不连续，每中止一次扣1分	
6		完成工时	4	每超时5分钟扣1分	
7		安全文明	4	撞刀和未清理机床扣4分	
8		填写加工程序单	20	程序编制不正确每处扣1分	
9	零件质量 （50分）	M12右旋螺纹	7.5	超差不得分	
10		M12左旋螺纹	7.5	超差不得分	
11		4×φ12mm 孔	10	超差不得分	
12		2×φ25mm 孔	15	超差不得分	
13		表面质量	10	每有一处缺陷扣2分	
14	误差分析 （10分）	零件自检	4	自检有误每处扣1分，未自检扣4分	
15		填写零件误差分析单	6	误差分析不到位扣1~4分，未进行误差分析扣6分	
合计			100		

误差分析（学生填）

考核结果（教师填）

检验员		记分员		时间	小时

任务拓展

任务五　数控铣削过渡连接板

任务单见附录表 B-5。

项目五
综合零件数控铣削加工

项目描述

本项目对适合数控铣床加工的综合零件进行分析和加工，通过学习，应进一步熟悉数控铣床编程方法、步骤及指令的灵活应用；并能熟练操作数控铣床，包括对刀、程序编辑及输入、刀补设置、程序校验、零件加工、故障排除等。

任务一 中等复杂零件的加工

【工作任务】

中等复杂零件如图 2-5-1 所示，用 100mm×100mm×20mm 的 45 钢毛坯进行内、外轮廓铣削加工。

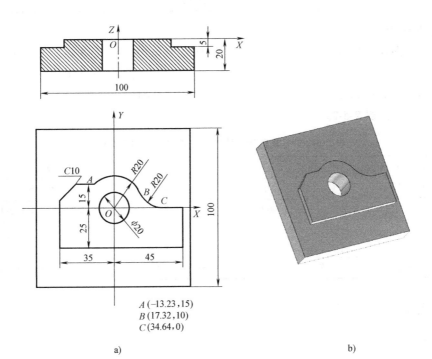

$A(-13.23, 15)$
$B(17.32, 10)$
$C(34.64, 0)$

a)   b)

图 2-5-1 中等复杂零件
a) 平面图   b) 三维图

一、加工准备

1. 机床选择

采用装有华中数控系统的数控铣床。

2. 工具、量具及毛坯

完成本任务零件加工所需要的工具、刀具、量具及毛坯清单见表2-5-1。

表2-5-1 工具、刀具、量具及毛坯清单

序号	名称	规格	数量	备注
1	机用虎钳	QH160	1台	
2	游标卡尺	0~150mm/0.02mm	1把	
3	深度游标卡尺	0~200mm/0.02mm	1把	
4	立铣刀	φ10mm	1把	
5	钻头	φ20mm	1把	
6	扳手			
7	垫铁		2块	
8	木锤子		1把	
9	毛坯	材料为45钢,尺寸为100mm×100mm×20mm	1块	
10	其他辅具	铜棒、铜皮、毛刷;计算器、相关指导书等	1套	选用

3. 工艺分析

根据零件图样确定加工工艺路线：工件坐标系原点设定在孔中心，工件上表面为XY面；先用φ20mm钻头加工中间通孔，然后换φ10mm立铣刀加工外轮廓。已知A、B、C点的坐标分别是：$A(-13.23, 15)$，$B(17.32, 10)$，$C(34.64, 0)$，中等复杂零件内、外轮廓铣削加工工序卡见表2-5-2。

表2-5-2 中等复杂零件内、外轮廓铣削加工工序卡

中等复杂零件内、外轮廓铣削加工工序卡		零件图号	零件名称	材料	设备			
		—	中等复杂零件	45钢	数控铣床			
工步号	工步内容	刀具号	刀具名称	刀具规格	主轴转速/(r/min)	进给速度/(mm/min)	刀具半径补偿号	刀具长度补偿号	备注
1	粗铣外轮廓	T01	立铣刀	φ10mm	1000	200	D01	H01	
2	精铣外轮廓	T01	立铣刀	φ10mm	2000	100	D01	H01	

二、数控程序编制

%1000　　　　　　　　　　　　　　　　　　　　　　　　　（程序名）
G54 G00 X0 Y0 Z50　　　　　　　　　　　　　　　　　（建立工件坐标系）
M03 S1000　　　　　　　　　　　　　　　　　　　（主轴正转,转速1000r/min）

```
G41 G00 X45 Y-25 Z5 D01                （建立刀具半径左补偿）
G01 Z-5 F200                            （下刀至切削平面）
Y0 F600                                 （刀具直线插补运动到Y0的位置）
X34.64                                  （刀具直线插补运动到X34.64的位置）
G02 X17.32 Y10 R20                      （刀具进行顺时针圆弧插补,圆弧的半径为20mm）
G03 X-13.23 Y15 R20                     （刀具进行逆时针圆弧插补,圆弧的半径为20mm）
G01 X-25 Y15                            （刀具运动到X-25 Y15的位置）
X-35 Y5                                 （刀具运动到X35 Y5的位置）
Y-25                                    （刀具运动到Y-25的位置）
X45                                     （刀具运动到X45的位置）
G00 Z50                                 （抬刀,刀具运动到Z50的位置）
G40 G00 X0 Y0                           （取消刀具半径补偿）
M05                                     （主轴停转）
M30                                     （程序结束并复位）
```

三、零件加工

1. 零件加工步骤

1）按照工具、刀具、量具及毛坯清单领取相应的工具、刀具、量具及毛坯。

2）开机上电，包括机床电源及操作面板电源。

3）复位并返回机床参考点。

4）装夹工件毛坯。

5）装夹刀具并找正。

6）对刀，建立工件坐标系。

7）输入程序。

8）校验程序。

9）加工零件。

10）测量零件。

11）校正刀具磨损值。

12）零件加工合格后，对机床进行相应的清理及保养。

13）按照工具、刀具、量具清单归还相应的工具、刀具、量具。

14）填写工作日志并关闭操作面板及机床电源。

2. 零件加工注意事项

1）一定要严格按照以上步骤进行操作。

2）切记先对刀，而后输入程序再进行程序校验。

3）运行程序时先用单段方式进行，起刀点或循环起点无误的情况下方可切换到自动运行模式。

4）在加工过程中注意将防护罩关闭。

5）出现紧急情况马上按下急停按钮。

6）注意进给倍率的控制。

四、检查评价

加工完成后,对零件进行去毛刺和尺寸检测,中等复杂零件内、外轮廓铣削加工检测评分表见表 2-5-3。

表 2-5-3 中等复杂零件内、外轮廓铣削加工检测评分表

项目	序号	技术要求	配分	评分标准	得分
程序与工艺 (15%)	1	程序正确完整	5	不规范处每处扣1分	
	2	切削用量合理	5	不合理处每处扣1分	
	3	工艺过程规范合理	5	不合理处每处扣1分	
机床操作 (15%)	4	刀具选择及安装正确	5	不正确处每处扣1分	
	5	机床操作规范	5	不规范处每处扣1分	
	6	对刀及工件坐标系设定正确	5	不正确处每处扣1分	
零件质量 (45%)	7	零件形状正确	30	不合理处每处扣2分	
	8	尺寸精度符合要求	8	不正确处每处扣1分	
	9	无毛刺	7	出错全扣	
文明生产 (15%)	10	安全操作	5	不合格不得分	
	11	机床维护与保养	5	不合格不得分	
	12	工作场所整理	5	不合格不得分	
相关知识及 职业能力 (10%)	13	数控加工机床知识	2	酌情给分	
	14	自学能力	2	酌情给分	
	15	表达及沟通能力	2	酌情给分	
	16	合作能力	2	酌情给分	
	17	创新能力	2	酌情给分	

任务二 复杂零件的加工

【工作任务】

复杂零件如图 2-5-2 所示,已知各点坐标:$A(-22, 9)$,$B(-18.4, 13.8)$,$C(18.4, 13.8)$,$D(22, 9)$,$E(22, -9)$,$F(18.4, -13.8)$,$G(-18.4, -13.8)$,$H(-22, -9)$,$I(-25, 0)$。用 $\phi 62mm \times 20mm$ 的 45 钢毛坯进行复杂零件轮廓加工及槽铣削。

任务实施

一、加工准备

1. 机床选择

采用华中数控系统的数控铣床。

2. 工量具及毛坯

完成本任务零件加工所需要的工具、刀具、量具及毛坯清单见表 2-5-4。

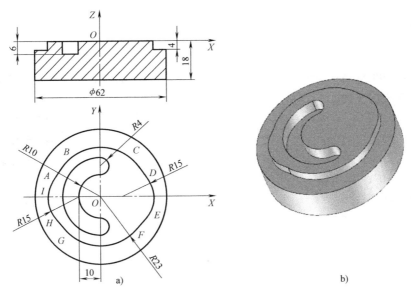

图 2-5-2 复杂零件
a) 平面图 b) 三维图

表 2-5-4 工具、刀具、量具及毛坯清单

序号	名称	规格	数量	备注
1	机用虎钳	QH160	1台	
2	游标卡尺	0~150mm/0.02mm	1把	
3	深度游标卡尺	0~200mm/0.02mm	1把	
4	立铣刀	φ25mm	1把	
5	立铣刀	φ8mm	1把	
6	扳手			
7	垫铁			
8	木锤子			
9	毛坯	材料为45钢,尺寸为φ62mm×20mm	1块	
10	其他辅具	铜棒、铜皮、毛刷;计算器、相关指导书等	1套	选用

3. 工艺分析

根据零件图样分析加工工艺:以工件底面和外圆作为定位基准,并对其进行压紧;工件坐标系原点设在中心上;选用的刀具为φ25mm立铣刀、φ8mm键槽立铣刀。复杂零件铣削加工工序卡见表2-5-5。

表 2-5-5 复杂零件铣削加工工序卡

复杂零件铣削加工工序卡		零件图号	零件名称		材料	设备			
		—	复杂零件		45钢	数控铣床			
工步号	工步内容	刀具号	刀具名称	刀具规格	主轴转速/(r/min)	进给速度/(mm/min)	刀具半径补偿号	刀具长度补偿号	备注
1	铣外轮廓	T01	立铣刀	φ25mm	800	100	D01	H01	
2	铣内轮廓	T02	立铣刀	φ8mm	2000	80	D02	H02	

二、数控程序编制

```
%0001                                                      (铣槽程序)
N10 G54 G00 X0 Y0 Z50                        (刀具移动坐标系原点上方50mm)
N20 M03 S800 F100
N30 G00 X0 Y14                                       (定位上方半圆槽圆心)
N40 G00 Z5                                              (快速下刀至安全平面)
N50 G01 Z-6                                             (下刀至加工平面)
N60 G03 X0 Y-14 R14                                     (铣槽)
N70 G01 Z5                                              (抬刀至安全平面)
N80 G00 X0 Y0 Z50                                       (抬刀至初始平面)
N90 M05
N100 M30


%0002                                                 (凸轮轮廓铣削程序)
N10 G54 G00 X0 Y0 Z50
N20 M03 S2000
N30 G00 Z3
N40 G41 G00 X-25 Y-25 D01                           (建立刀具半径左补偿)
N50 G01 Z-4 F80                                         (下刀至加工平面)
N60 G01 X-25.0 Y0                                   (由 I 点下方沿切线方向切入)
N70 G02 X-22 Y9 R15                                     (加工圆弧 IA)
N80 G01 X-18.4 Y13.8                                    (加工直线 AB)
N90 G02 X18.4 Y13.8 R23                                 (加工圆弧 BC)
N100 G01 X22 Y9                                         (加工直线 CD)
N110 G02 X22 Y-9 R15                                    (加工圆弧 DE)
N120 G01 X18.4 Y-13.8                                   (加工直线 EF)
N130 G02 X-18.4 Y-13.8 R23                              (加工圆弧 FG)
N140 G01 X-22 Y-9                                       (加工直线 GH)
N150 G02 X-25 Y0 R15                                    (加工圆弧 HI)
N160 G00 Z50                                            (抬刀)
N170 G40 G00 X0 Y0                           (刀具返回原点,并取消刀具半径补偿)
N180 M05
N190 M30
```

三、零件加工

1. 零件加工步骤

1)按照工具、刀具、量具及毛坯清单领取相应的工具、刀具、量具及毛坯。

2)开机上电,包括机床电源及操作面板电源。

3)复位并返回机床参考点。

4）装夹工件毛坯。

5）装夹刀具并找正。

6）对刀，建立工件坐标系。

7）输入程序。

8）校验程序。

9）加工零件。

10）测量零件。

11）校正刀具磨损值。

12）零件加工合格后，对机床进行相应的清理及保养。

13）按照工具、刀具、量具清单归还相应的工具、刀具、量具。

14）填写工作日志并关闭操作面板及机床电源。

2. 零件加工注意事项

1）一定要严格按照以上步骤进行操作。

2）切记先对刀，而后输入程序再进行程序校验。

3）运行程序时先用单段方式进行，起刀点或循环起点无误的情况下方可切换到自动运行模式。

4）在加工过程中注意将防护罩关闭。

5）出现紧急情况马上按下急停按钮。

6）注意进给倍率的控制。

四、检查评价

加工完成后，对零件进行去毛刺和尺寸检测，复杂零件铣削加工检测评分表见表 2-5-6。

表 2-5-6 复杂零件铣削加工检测评分表

项目	序号	技术要求	配分	评分标准	得分
程序与工艺 （15%）	1	程序正确完整	5	不规范处每处扣1分	
	2	切削用量合理	5	不合理处每处扣1分	
	3	工艺过程规范合理	5	不合理处每处扣1分	
机床操作 （15%）	4	刀具选择及安装正确	5	不正确处每处扣1分	
	5	机床操作规范	5	不规范处每处扣1分	
	6	对刀及工件坐标系设定正确	5	不正确处每处扣1分	
零件质量 （45%）	7	零件形状正确	30	不合理处每处扣2分	
	8	尺寸精度符合要求	8	不正确处每处扣1分	
	9	无毛刺	7	出错全扣	
文明生产 （15%）	10	安全操作	5	不合格不得分	
	11	机床维护与保养	5	不合格不得分	
	12	工作场所整理	5	不合格不得分	

(续)

项目	序号	技 术 要 求	配分	评分标准	得分
相关知识及职业能力（10%）	13	数控加工机床知识	2	酌情给分	
	14	自学能力	2	酌情给分	
	15	表达及沟通能力	2	酌情给分	
	16	合作能力	2	酌情给分	
	17	创新能力	2	酌情给分	

任务三　复杂综合零件的加工

【工作任务】

复杂综合零件如图2-5-3所示，用100mm×100mm×21mm的45钢毛坯进行复杂综合零件加工及槽铣削。

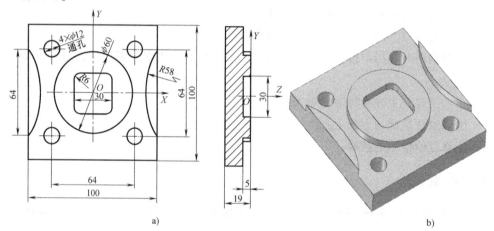

图2-5-3　复杂综合零件
a）平面图　b）三维图

任务实施

一、加工准备

1. 机床选择

采用装有华中数控系统的数控铣床。

2. 工具、量具及毛坯

完成本任务零件加工所需要的工具、刀具、量具及毛坯清单见表2-5-7。

表2-5-7　工具、刀具、量具及毛坯清单

序号	名称	规　格	数量	备注
1	机用虎钳	QH160	1台	
2	游标卡尺	0~150mm/0.02mm	1把	

(续)

序号	名称	规格	数量	备注
3	深度游标卡尺	0~200mm/0.02mm	1把	
4	立铣刀	φ10mm	1把	
5	扳手			
6	钻头	φ12mm	1把	
7	垫铁		2块	
8	木锤子		1把	
9	材料	材料为45钢,尺寸为100mm×100mm×21mm	1块	
10	其他辅具	铜棒、铜皮、毛刷;计算器、相关指导书等	1套	选用

3. 工艺分析

根据零件图样分析加工工艺:以工件底面和凸台外圆作为定位基准,并对其进行压紧;工件坐标系原点设在中心上;先加工内、外轮廓,然后进行钻孔加工;选用的刀具为 φ10mm 立铣刀、φ12mm 钻头。复杂综合零件铣削加工工序卡见表 2-5-8。

表 2-5-8 复杂综合零件铣削加工工序卡

复杂综合零件铣削加工工序卡		零件图号	零件名称		材料	设备				
		—	复杂综合零件		45钢	数控铣床				
工步号	工步内容	刀具号	刀具名称	刀具规格	主轴转速/(r/min)	进给速度/(mm/min)	刀具半径补偿号	刀具长度补偿号	备注
1	粗铣外轮廓	T01	立铣刀	φ10mm	1000	200	D01	H01	
2	精铣外轮廓	T01	立铣刀	φ10mm	2000	100	D01	H01	
3	钻孔	T02	钻头	φ12mm	2000	200			

二、数控程序编制

铣削内、外轮廓
%0001
N10   G54 G00 X0 Y0 Z100   (建立工件坐标系)
N20   M03 S1000 F200   (主轴正转)
N30   G41 G00 Z2 D01   (建立刀补)
N40   G01 Z-5   (下刀)
N50   G01 X15 Y0   (直线插补)
N60   G01 Y9   (直线插补)
N70   G03 X9 Y15 R6   (圆弧插补)
N80   G01 X-9   (直线插补)
N90   G03 X-15 Y9 R6   (圆弧插补)
N100   G01 Y-9   (直线插补)
N110   G03 X-9 Y-15 R6   (圆弧插补)

N120   G01 X9   （直线插补）
N130   G03 X15 Y-9 R6   （圆弧插补）
N140   G01 Y2   （直线插补）
N150   G00 Z10
N160   G40 G00 X0 Y0   （取消刀补）
N170   G42 G00 X30 Y0 D01   （建立刀补）
N180   G00 Z2
N190   G01 Z-5
N200   G03 I-30   （圆弧插补）
N210   G00 Z10
N220   G40 G00 X0 Y0   （取消刀补）
N230   G00 X55 Y-32
N240   G41 G00 X50 Y-32 D01   （建立刀补）
N250   G01 Z-5
N255   G02 X50 Y32 R58   （圆弧插补）
N260   G01 X55   （直线插补）
N270 G00 Z10
N280 G40 G00 X0 Y0   （取消刀补）
N290 G00 X-55 Y-32
N300 G42 G00 X-50 Y-32 D01   （建立刀补）
N310   G00 Z2
N320   G01 Z-5
N330 G03 X-50 Y32 R58   （圆弧插补）
N340 G01 X-55   （直线插补）
N350 G00 Z100
N360 G40 G00 X0 Y0   （取消刀补）
N370 M05   （主轴停转）
N380 M30   （程序结束并复位）

钻孔
%0002
N10 G54 G00 X0 Y0 Z100   （建立工件坐标系）
N20 M03 S2000   （主轴正转）
N30 G81 X32 Y32 Z-22 R2 Q3 F200   （钻孔1）
N40 X-32   （钻孔2）
N50 Y-32   （钻孔3）
N60 X32   （钻孔4）
N70 G80   （取消钻孔）
N80 G00 Z100   （抬刀至安全平面）
N90 M05   （主轴停转）
N100 M30   （程序结束并复位）

三、零件加工

1. 零件加工步骤

1）按照工具、刀具、量具及毛坯清单领取相应的工具、刀具、量具及毛坯。
2）开机上电，包括机床电源及操作面板电源。
3）复位并返回机床参考点。
4）装夹工件毛坯。
5）装夹刀具并找正。
6）对刀，建立工件坐标系。
7）输入程序。
8）校验程序。
9）加工零件。
10）测量零件。
11）校正刀具磨损值。
12）零件加工合格后，对机床进行相应的清理及保养。
13）按照工具、刀具、量具清单归还相应的工具、刀具、量具。
14）填写工作日志并关闭操作面板及机床电源。

2. 零件加工注意事项

1）一定要严格按照以上步骤进行操作。
2）切记先对刀，而后输入程序再进行程序校验。
3）运行程序时先用单段方式进行，起刀点或循环起点无误的情况下方可切换到自动运行模式。
4）在加工过程中注意将防护罩关闭。
5）出现紧急情况马上按下急停按钮。
6）注意进给倍率的控制。

四、检查评价

加工完成后，对零件进行去毛刺和尺寸检测，复杂综合零件铣削加工检测评分表见表 2-5-9。

表 2-5-9 复杂综合零件铣削加工检测评分表

项目	序号	技术要求	配分	评分标准	得分
程序与工艺 （15%）	1	程序正确完整	5	不规范处每处扣1分	
	2	切削用量合理	5	不合理处每处扣1分	
	3	工艺过程规范合理	5	不合理处每处扣1分	
机床操作 （15%）	4	刀具选择及安装正确	5	不正确处每处扣1分	
	5	机床操作规范	5	不规范处每处扣1分	
	6	对刀及工件坐标系设定正确	5	不正确处每处扣1分	
零件质量 （45%）	7	零件形状正确	30	不合理处每处扣2分	
	8	尺寸精度符合要求	8	不正确处每处扣1分	

（续）

项目	序号	技术要求	配分	评分标准	得分
零件质量（45%）	9	无毛刺	7	出错全扣	
文明生产（15%）	10	安全操作	5	不合格不得分	
	11	机床维护与保养	5	不合格不得分	
	12	工作场所整理	5	不合格不得分	
相关知识及职业能力（10%）	13	数控加工机床知识	2	酌情给分	
	14	自学能力	2	酌情给分	
	15	表达及沟通能力	2	酌情给分	
	16	合作能力	2	酌情给分	
	17	创新能力	2	酌情给分	

任务六　数控铣削综合零件

任务单见附录表 B-6。

附录

附录 A 数控车床加工任务单

表 A-1 数控车床加工任务单一

任务一	数控车削简单阶梯轴零件			学时	4
姓名		学号	班级	日期	
同组人					

任务描述

　　在装有华中"世纪星"数控系统的车床上加工目标零件。该零件的毛坯为 φ25mm×80mm 的棒料,材料为 45 钢。请按要求完成加工准备,编制程序后进行加工,并展示加工后的零件图片。

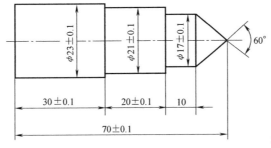

技术要求

1. 不准用锉刀,砂布打磨零件表面。
2. 未注倒角C0.5。
3. 去除毛刺倒角C0.5。

一、加工准备

　　1. 机床选择

（续）

2. 完成本任务零件加工所需要的工具、刀具、量具清单

3. 工艺分析及工序卡

二、程序编制

三、零件加工成果图

四、检查与评价

(续)

一、工具、设备操作评分记录表(20分)

序号	考核范围	考核项目	配分	评分标准	得分
1	工具、设备的操作	合理使用常用刀具	4	不规范处每处扣2分	
2		合理使用常用量具	4	不规范处每处扣2分	
3		正确操作自用车床	6	不规范处每处扣2分	
4	操作的独立性	独立操作自用车床	6	不规范处每处扣3分	

二、安全及其他评分记录表(10分)

序号	考核范围	考核项目	配分	评分标准	得分
1	安全文明及其他	严格执行车工安全操作规程	4	违反一次扣2分	
2		严格执行文明生产的规定	4	违反一次扣2分	
3		工具、量具摆放整齐 工作场地干净整洁	2	违反一次不得分	

三、零件质量评分表(70分)

序号	考核项目	配分	评分标准	得分
1	外圆 $\phi23mm\pm0.1mm$	8	超差不得分	
2	外圆 $\phi21mm\pm0.1mm$	8	超差不得分	
3	外圆 $\phi17mm\pm0.1mm$	8	超差不得分	
4	长度 $70mm\pm0.1mm$	8	超差不得分	
5	长度 $30mm\pm0.1mm$	8	超差不得分	
6	长度 $20mm\pm0.1mm$	8	超差不得分	
7	锥度60°	6	超差不得分	
8	表面粗糙度 $Ra3.2$(5处)	10	超差不得分(5处×2分)	
9	倒角 $C0.5$(2处)	6	超差不得分(2处×3分)	
合计		100		

评分人: 　　　　　　　　　　　　　　　　　　年　月　日

表 A-2 数控车床加工任务单二

任务二		数控车削槽类零件		学时	4
姓名		学号	班级	日期	
同组人					

任务描述

在装有华中"世纪星"数控系统的车床上加工目标零件。该零件的毛坯为 φ25mm×80mm 的棒料,材料为 45 钢。请按要求完成加工准备,编制程序后进行加工,并展示加工后的零件图片。

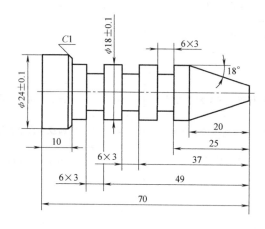

技术要求

1. 不准用锉刀,砂布打磨零件表面。
2. 未注倒角C0.5。
3. 去除毛刺倒角C0.5。

一、加工准备

1. 机床选择

2. 完成本任务零件加工所需要的工具、刀具、量具清单

3. 工艺分析及工序卡

（续）

二、程序编制

三、零件加工成果图

四、检查与评价

(续)

一、工具、设备操作评分记录表(20分)					
序号	考核范围	考核项目	配分	评分标准	得分
1	工具、设备的操作	合理使用常用刀具	4	不规范处每处扣2分	
2		合理使用常用量具	4	不规范处每处扣2分	
3		正确操作自用车床	6	不规范处每处扣2分	
4	操作的独立性	独立操作自用车床	6	不规范处每处扣3分	
二、安全及其他评分记录表(10分)					
1	安全文明及其他	严格执行车工安全操作规程	4	违反一次扣2分	
2		严格执行文明生产的规定	4	违反一次扣2分	
3		工具、量具摆放整齐 工作场地干净整洁	2	违反一次不得分	
三、零件质量评分表(70分)					
1		外圆 $\phi24mm\pm0.1mm$	4	超差不得分	
2		外圆 $\phi18mm\pm0.1mm$	6	超差不得分	
3		长度70mm	4	超差不得分	
4		长度49mm	6	超差不得分	
5		长度37mm	6	超差不得分	
6		长度25mm	6	超差不得分	
7		长度20mm	2	超差不得分	
8		长度10mm	4	超差不得分	
9		锥度18°	3	超差不得分	
10		槽 $\phi6mm\times3mm$(3处)	9	超差不得分(3处×3分)	
11		表面粗糙度 $Ra3.2$(5处)	10	超差不得分(5处×2分)	
12		倒角 $C0.5$(7处)	7	超差不得分(7处×1分)	
13		倒角 $C1$(1处)	3	超差不得分(1处×3分)	
合计			100		

评分人：　　　　　　　　　　　　　　　　　　　　　年　月　日

表 A-3 数控车床加工任务单三

任务三	数控车削圆弧面零件			学时	4
姓名		学号		班级	
				日期	
同组人					

任务描述

在装有华中"世纪星"数控系统的车床上加工目标零件。该零件的毛坯为 φ30mm×60mm 的棒料,材料为 45 钢。请按要求完成加工准备,编制程序后进行加工,并展示加工后的零件图片。

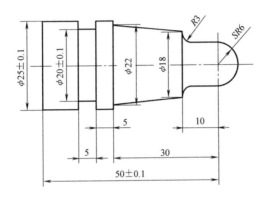

技术要求
1. 不准用锉刀,砂布打磨零件表面。
2. 未注倒角C0.5。
3. 去除毛刺倒角C0.5。

一、加工准备

1. 机床选择

2. 完成本任务零件加工所需要的工具、刀具、量具清单

（续）

3. 工艺分析及工序卡

二、程序编制

三、零件加工成果图

四、检查与评价

(续)

一、工具、设备操作评分记录表(20分)

序号	考核范围	考核项目	配分	评分标准	得分
1	工具、设备的操作	合理使用常用刀具	4	不规范处每处扣2分	
2		合理使用常用量具	4	不规范处每处扣2分	
3		正确操作自用车床	6	不规范处每处扣2分	
4	操作的独立性	独立操作自用车床	6	不规范处每处扣3分	

二、安全及其他评分记录表(10分)

序号	考核范围	考核项目	配分	评分标准	得分
1	安全文明及其他	严格执行车工安全操作规程	4	违反一次扣2分	
2		严格执行文明生产的规定	4	违反一次扣2分	
3		工具、量具摆放整齐 工作场地干净整洁	2	违反一次不得分	

三、零件质量评分表(70分)

序号	考核项目	配分	评分标准	得分
1	外圆 $\phi 25mm \pm 0.1mm$	8	超差不得分	
2	外圆 $\phi 20mm \pm 0.1mm$	6	超差不得分	
3	外圆 $\phi 22mm$	4	超差不得分	
4	外圆 $\phi 18mm$	4	超差不得分	
5	长度 $50mm \pm 0.1mm$	6	超差不得分	
6	长度 30mm	6	超差不得分	
7	长度 10mm	6	超差不得分	
8	长度 5mm(槽宽)	4	超差不得分	
9	长度 5mm	4	超差不得分	
10	球面 SR6mm	4	超差不得分	
11	圆弧面 R3mm	4	超差不得分	
12	表面粗糙度 Ra3.2(4处)	8	超差不得分(4处×2分)	
13	倒角 C0.5(3处)	6	超差不得分(3处×2分)	
合计		100		

评分人: 　　　　　　　　　　　　　　　　　　　　　　　年　月　日

表 A-4 数控车床加工任务单四

任务四		数控车削外螺纹零件			学时	4
姓名		学号		班级	日期	
同组人						

任务描述

在装有华中"世纪星"数控系统的车床上加工目标零件。该零件的毛坯为 φ45mm×80mm 的棒料,材料为 45 钢。请按要求完成加工准备,编制程序后进行加工,并展示加工后的零件图片。

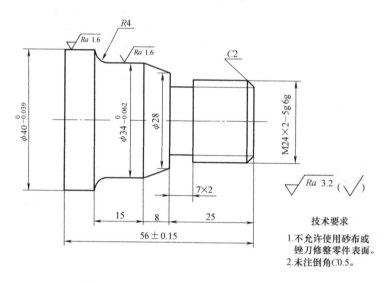

技术要求
1. 不允许使用砂布或锉刀修整零件表面。
2. 未注倒角C0.5。

一、加工准备

1. 机床选择

2. 完成本任务零件加工所需要的工具、刀具、量具清单

3. 工艺分析及工序卡

（续）

二、程序编制

三、零件加工成果图

四、检查与评价

(续)

一、工具、设备操作评分记录表(20分)				
序号	考核范围	考核项目	配分	评分标准	得分
1	工具、设备的操作	合理使用常用刀具	4	不规范处每处扣2分	
2		合理使用常用量具	4	不规范处每处扣2分	
3		正确操作数控车床	6	不规范处每处扣2分	
4	操作的独立性	独立操作数控车床	6	不规范处每处扣3分	

二、安全及其他评分记录表(10分)				
1	安全文明及其他	严格执行车工安全操作规程	4	违反一次扣2分	
2		严格执行文明生产的规定	4	违反一次扣2分	
3		工具、量具摆放整齐工作场地干净整洁	2	违反一次不得分	

三、零件质量评分表(70分)				
1		直径40mm	10	每超差0.1mm扣2分,扣完为止	
2		直径34mm	10	每超差0.1mm扣2分,扣完为止	
3		长度25mm	8	每超差0.1mm扣2分,扣完为止	
4		长度15mm	8	每超差0.1mm扣2分,扣完为止	
5		长度56mm	8	每超差0.1mm扣2分,扣完为止	
6		退刀槽7mm×2mm	4	每超差0.1mm扣2分,扣完为止	
7		M24×2外螺纹	8	每超差0.1mm扣2分,扣完为止	
8		表面粗糙度7处	7	一处不合格扣1分,扣完为止	
9		倒角4处	4	每缺少一处扣1分,扣完为止	
10		完整度	3	不完整,不得分	
合计			100		

评分人:　　　　　　　　　　　　　　　　　　年　月　日

表 A-5　数控车床加工任务单五

任务五	数控车削内螺纹零件			学时	4
姓名		学号		班级		日期	
同组人					

任务描述

　　在装有华中"世纪星"数控系统的车床上加工目标零件。该零件的毛坯为 φ50mm×80mm 的棒料,材料为铝料。请按要求完成加工准备,编制程序后进行加工,并展示加工后的零件图片。

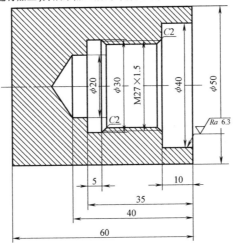

一、加工准备

　1. 机床选择

　2. 完成本任务零件加工所需要的工具、刀具、量具清单

（续）

    3. 工艺分析及工序卡

二、程序编制

三、零件加工成果图

四、检查与评价

(续)

一、工具、设备操作评分记录表（10分）

序号	考核范围	考核项目	配分	评分标准	得分
1	工具、设备的操作	合理使用常用刀具	2	不合格不得分	
2		合理使用常用量具	2	不合格不得分	
3		正确操作数控车床	2	不合格不得分	
4	操作的独立性	独立操作数控车床	4	不合格不得分	

二、安全及其他评分记录表（10分）

1	安全文明及其他	严格执行车工安全操作规程	4	违反一次扣2分	
2		严格执行文明生产的规定	4	违反一次扣2分	
3		工具、量具摆放整齐 工作场地干净整洁	2	违反一次不得分	

三、零件质量评分表（60分）

1		长度5mm	6	每超差0.1mm扣2分，扣完为止	
2		长度35mm	6	每超差0.1mm扣2分，扣完为止	
3		长度10mm	6	每超差0.1mm扣2分，扣完为止	
4		直径φ50mm	8	每超差0.1mm扣2分，扣完为止	
5		直径φ40mm	8	每超差0.1mm扣2分，扣完为止	
6		直径φ20mm	8	每超差0.1mm扣2分，扣完为止	
7		M27×1.5内螺纹	12	每超差0.1mm扣2分，扣完为止	
8		表面质量	6	一处不合格扣2分，共三处	

四、程序检测（20分）

1		螺纹程序	20	一处不合格扣3分，扣完为止	
合计			100		

评分人：　　　　　　　　　　　　　　　　　　　年　月　日

表 A-6　数控车床加工任务单六

任务六	数控车削轴套类零件			学时	4
姓名		学号		班级	
				日期	
同组人					

任务描述

在装有华中 HNC-818A 数控系统的车床上加工目标零件。该零件的毛坯为 φ52mm×52mm 的棒料，材料为 45 钢。请按要求完成加工准备，编制程序后进行加工，并展示加工后的零件图片。

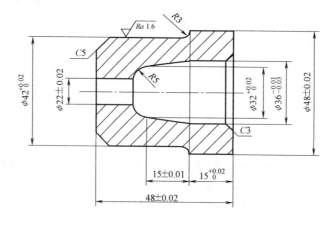

一、加工准备

　　1. 机床选择

　　2. 完成本任务零件加工所需要的工具、刀具、量具清单

（续）

3. 工艺分析及工序卡

二、程序编制

三、零件加工成果图

四、检查与评价

(续)

一、工具、设备操作评分记录表（10分）					
序号	考核范围	考核项目	配分	评分标准	得分
1	工具、设备的操作	合理使用常用刀具	2	不合格不得分	
2		合理使用常用量具	2	不合格不得分	
3		正确操作数控车床	2	不合格不得分	
4	操作的独立性	独立操作数控车床	4	不合格不得分	
二、安全及其他评分记录表（10分）					
1	安全文明及其他	严格执行车工安全操作规程	4	违反一次扣2分	
2		严格执行文明生产的规定	4	违反一次扣2分	
3		工具、量具摆放整齐工作场地干净整洁	2	违反一次不得分	
三、零件质量评分表（60分）					
1		长度15mm	6	每超差0.1mm扣2分，扣完为止	
2		长度30mm	6	每超差0.1mm扣2分，扣完为止	
3		长度40mm	6	每超差0.1mm扣2分，扣完为止	
4		直径φ58mm	8	每超差0.1mm扣2分，扣完为止	
5		直径φ40mm	8	每超差0.1mm扣2分，扣完为止	
6		直径φ32mm	8	每超差0.1mm扣2分，扣完为止	
7		直径φ22mm	8	每超差0.1mm扣2分，扣完为止	
8		直径φ50mm	8	每超差0.1mm扣2分，扣完为止	
9		表面质量	2	不合格扣2分	
四、程序检测（20分）					
1		内孔程序	20	一处不合格扣3分，扣完为止	
合计			100		

评分人：　　　　　　　　　　　　　　　　　　　　　　　　　　年　　月　　日

表 A-7 数控车床加工任务单七

任务七	数控车削不通孔零件			学时	4
姓名		学号		姓名	
同组人					

任务描述

在装有华中 NHC-818A 数控系统的车床上加工目标零件。该零件的毛坯为 φ65mm×52mm 的棒料,材料为 45 钢。请按要求完成加工准备,编制程序后进行加工,并展示加工后的零件图片。

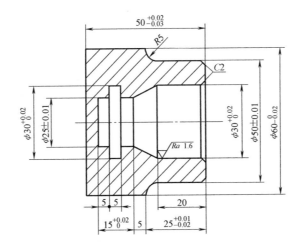

一、加工准备

1. 机床选择

2. 完成本任务零件加工所需要的工具、刀具、量具清单

（续）

3. 工艺分析及工序卡

二、程序编制

三、零件加工成果图

四、检查与评价

(续)

一、工具、设备操作评分记录表（10分）

序号	考核范围	考核项目	配分	评分标准	得分
1	工具、设备的操作	合理使用常用刀具	2	不合格不得分	
2		合理使用常用量具	2	不合格不得分	
3		正确操作数控车床	2	不合格不得分	
4	操作的独立性	独立操作数控车床	4	不合格不得分	

二、安全及其他评分记录表（10分）

序号	考核范围	考核项目	配分	评分标准	得分
1	安全文明及其他	严格执行车工安全操作规程	4	违反一次扣2分	
2		严格执行文明生产的规定	4	违反一次扣2分	
3		工具、量具摆放整齐 工作场地干净整洁	2	违反一次不得分	

三、零件质量评分表（60分）

序号	考核项目	配分	评分标准	得分
1	长度30mm	6	每超差0.1mm扣2分,扣完为止	
2	长度40mm	6	每超差0.1mm扣2分,扣完为止	
3	长度14mm	6	每超差0.1mm扣2分,扣完为止	
4	长度25mm	6	每超差0.1mm扣2分,扣完为止	
5	直径$\phi22$mm	8	每超差0.1mm扣2分,扣完为止	
6	直径$\phi25$mm	8	每超差0.1mm扣2分,扣完为止	
7	直径$\phi29$mm	8	每超差0.1mm扣2分,扣完为止	
8	直径$\phi40$mm	8	每超差0.1mm扣2分,扣完为止	
9	表面质量	4	不合格扣4分	

四、程序检测（20分）

序号	考核项目	配分	评分标准	得分
1	内孔程序	20	一处不合格扣3分,扣完为止	
合计		100		

评分人： 　　　　　　　　　　　　　　年　月　日

表 A-8 数控车床加工任务单八

任务八		数控车削配合零件			学时	8
姓名		学号		班级	日期	
同组人						

任务描述

在装有华中"世纪星"数控系统的车床上加工目标零件。该零件的毛坯为 $\phi 50mm \times 64mm$、$\phi 50mm \times 32mm$ 的棒料,材料为 45 钢。请按要求完成加工准备,编制程序后进行加工,并展示加工后的零件图片。

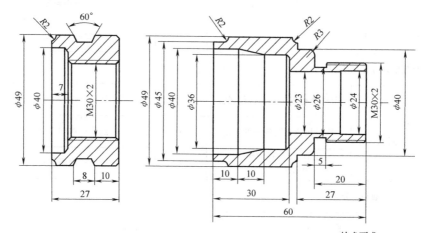

技术要求
1. 锐角倒钝 C0.5。
2. 未注倒角为 C1。
3. 未注公差为 ±0.1mm。

一、加工准备

  1. 机床选择

  2. 完成本任务零件加工所需要的工具、刀具、量具清单

（续）

3. 工艺分析及工序卡

二、程序编制

三、零件加工成果图

四、检查与评价

(续)

一、工具、设备操作评分记录表(10分)					
序号	考核范围	考核项目	配分	评分标准	得分
1	工具、设备的操作	合理使用常用刀具	2	不合格不得分	
2		合理使用常用量具	2	不合格不得分	
3		正确操作自用车床	2	不合格不得分	
4	操作的独立性	独立操作自用车床	4	不合格不得分	
二、安全及其他评分记录表(10分)					
1	安全文明及其他	严格执行车工安全操作规程	4	违反一次扣2分	
2		严格执行文明生产的规定	4	违反一次扣2分	
3		工具、量具摆放整齐 工作场地干净整洁	2	违反一次不得分	
三、零件质量评分表(60分)					
1		外圆 $\phi 40mm$	4	超差不得分	
2		外圆 $\phi 49mm$	6	超差不得分(2处×3分)	
3		外圆 $\phi 45mm$	4	超差不得分	
4		长度 60mm	4	超差不得分	
5		长度 27mm	4	超差不得分	
6		长度 20mm	4	超差不得分	
7		锥度 60°	4	超差不得分	
8		表面质量	6	不合格不得分	
9		倒角 $C1$(2处)	6	超差不得分(2处×3分)	
10		内孔 $\phi 23mm$	2	超差不得分	
11		内孔 $\phi 36mm$	2	超差不得分	
12		内孔 $\phi 40mm$(2处)	4	超差不得分(2处×2分)	
13		深度 7mm	2	超差不得分	
14		深度 30mm	2	超差不得分	
15		螺纹 M30×2	2	超差不得分	
16		螺纹配合	4	无法配合不得分	
四、程序检测(20分)					
1		程序	20	一处不合格扣3分,扣完为止	
合计			100		

评分人: 　　　　　　　　　　　　　　　　　　　　　年　月　日

附录 B 数控铣床加工任务单

表 B-1 数控铣床加工任务单一

任务一		数控铣削内、外轮廓零件		学时	4
姓名		学号		班级		日期	
同组人							

任务描述

在装有华中"世纪星"数控系统的铣床上加工目标零件。用 φ8mm 的刀具,沿点画线路线加工底面距离工件上表面 3mm 的深凹槽(槽宽 8mm),图中原点位置距毛坯左边缘和下边缘的距离均为 35mm。该零件的毛坯为 100mm×80mm× 10mm 的板料,材料为铝。请按要求完成加工准备,编制程序后进行加工,并展示加工后的零件图片。

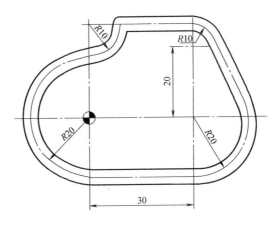

一、加工准备

  1. 机床选择

  2. 完成本任务零件加工所需要的工具、刀具、量具清单

  3. 工艺分析及工序卡

（续）

二、程序编制

三、零件加工成果图

四、检查与评价

(续)

一、工具、设备操作评分记录表(20分)

序号	考核范围	考核项目	配分	评分标准	得分
1	工具、设备的操作	合理使用常用刀具	4	不规范处每处扣2分	
2		合理使用常用量具	4	不规范处每处扣2分	
3		正确操作数控铣床	6	不规范处每处扣2分	
4	操作的独立性	独立操作数控铣床	6	不规范处每处扣3分	

二、安全及其他评分记录表(10分)

序号	考核范围	考核项目	配分	评分标准	得分
1	安全文明及其他	严格执行铣工安全操作规程	4	违反一次扣2分	
2		严格执行文明生产的规定	4	违反一次扣2分	
3		工具、量具摆放整齐 工作场地干净整洁	2	违反一次不得分	

三、零件质量评分表(70分)

序号		考核项目	配分	评分标准	得分
1		尺寸20mm	16	每超差1mm扣4分,扣完为止	
2		尺寸30mm	16	每超差1mm扣4分,扣完为止	
3		半圆弧 R20mm (差值测量、光滑过渡)	8	每超差1mm扣4分,扣完为止 光滑过渡4分	
4		1/4圆弧 R20mm (差值测量、光滑过渡)	8	每超差1mm扣4分,扣完为止 光滑过渡4分	
5		外圆弧 R10mm (差值测量、光滑过渡)	8	每超差1mm扣4分,扣完为止 光滑过渡4分	
6		内圆弧 R10mm (差值测量、光滑过渡)	8	每超差1mm扣4分,扣完为止 光滑过渡4分	
7		干涉或过切	6	出现一处扣3分	
合计			100		

评分人:　　　　　　　　　　　　　　　　　　　　　年　月　日

表 B-2　数控铣床加工任务单二

任务二	数控铣削镜像特征零件			学时	4
姓名		学号		班级		日期	
同组人					

任务描述

　　在装有华中"世纪星"数控系统的铣床上加工目标零件。该零件的毛坯为 102mm×102mm×20mm 的板材，材料为铝。请按要求完成加工准备，编制程序后进行加工，并展示加工后的零件图片。

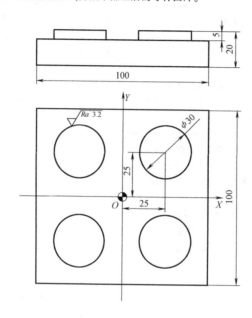

一、加工准备

　1. 机床选择

　2. 完成本任务零件加工所需要的工具、刀具、量具清单

（续）

    3. 工艺分析及工序卡

二、程序编制

三、零件加工成果图

四、检查与评价

(续)

一、工具、设备操作评分记录表(10分)

序号	考核范围	考核项目	配分	评分标准	得分
1	工具、设备的操作	合理使用常用刀具	2	不合格不得分	
2		合理使用常用量具	2	不合格不得分	
3		正确操作数控铣床	2	不合格不得分	
4	操作的独立性	独立操作数控铣床	4	不合格不得分	

二、安全及其他评分记录表(10分)

序号	考核范围	考核项目	配分	评分标准	得分
1	安全文明及其他	严格执行铣工安全操作规程	4	违反一次扣2分	
2		严格执行文明生产的规定	4	违反一次扣2分	
3		工具、量具摆放整齐 工作场地干净整洁	2	违反一次不得分	

三、零件质量评分表(60分)

序号	考核项目	配分	评分标准	得分
1	深度5mm	4	每超差0.1mm扣2分,扣完为止	
2	厚度20mm	4	每超差0.1mm扣2分,扣完为止	
3	轮廓尺寸100mm×100mm	10	每超差0.1mm扣2分,扣完为止	
4	圆台尺寸ϕ30mm×4	20	每超差0.1mm扣2分,扣完为止	
5	表面粗糙度	8	一处不合格扣2分,扣完为止	
6	完整性	10	轮廓与形体每少一部分扣2分	
7	干涉或过切	4	出现一处扣2分	

四、程序检测(20分)

序号	考核项目	配分	评分标准	得分
1	镜像程序	20	一处不合格扣3分,扣完为止	
合计		100		

评分人:　　　　　　　　　　　　　　　　　　　　年　　月　　日

表 B-3 数控铣床加工任务单三

任务三	数控铣削旋转特征零件			学时	4
姓名		学号	班级	日期	
同组人					

任务描述

在装有华中"世纪星"数控系统的铣床上加工目标零件。该零件的毛坯为 102mm×102mm×20mm 的板材,材料为铝。请按要求完成加工准备,编制程序后进行加工,并展示加工后的零件图片。

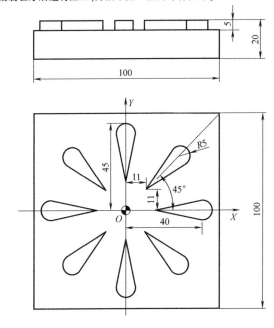

一、加工准备

  1. 机床选择

  2. 完成本任务零件加工所需要的工具、刀具、量具清单

（续）

3. 工艺分析及工序卡

二、程序编制

三、零件加工成果图

四、检查与评价

(续)

一、工具、设备操作评分记录表（10分）

序号	考核范围	考核项目	配分	评分标准	得分
1	工具、设备的操作	合理使用常用刀具	2	不合格不得分	
2		合理使用常用量具	2	不合格不得分	
3		正确操作数控铣床	2	不合格不得分	
4	操作的独立性	独立操作数控铣床	4	不合格不得分	

二、安全及其他评分记录表（10分）

序号	考核范围	考核项目	配分	评分标准	得分
1	安全文明及其他	严格执行铣工安全操作规程	4	违反一次扣2分	
2		严格执行文明生产的规定	4	违反一次扣2分	
3		工具、量具摆放整齐 工作场地干净整洁	2	违反一次不得分	

三、零件质量评分表（60分）

序号	考核项目	配分	评分标准	得分
1	深度5mm	4	每超差0.1mm扣2分，扣完为止	
2	厚度20mm	4	每超差0.1mm扣2分，扣完为止	
3	轮廓尺寸100mm×100mm	10	每超差0.1mm扣2分，扣完为止	
4	表面粗糙度	18	一处不合格扣2分，扣完为止	
5	完整性	10	轮廓与形体每少一部分扣2分	
6	干涉或过切	14	出现一处扣3分	

四、程序检测（20分）

序号	考核项目	配分	评分标准	得分
1	旋转程序	20	一处不合格扣3分，扣完为止	
合计		100		

评分人： 年 月 日

表 B-4　数控铣床加工任务单四

任务四		数控铣削缩放特征零件		学时	4
姓名		学号		班级	
				日期	
同组人					

任务描述

在装有华中"世纪星"数控系统的铣床上加工目标零件。该零件的毛坯为 102mm×102mm×22mm 的板材，材料为铝。请按要求完成加工准备，编制程序后进行加工，并展示加工后的零件图片。

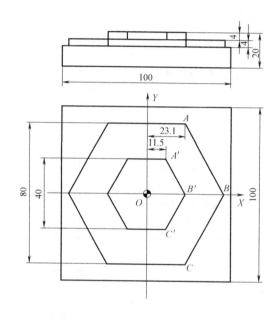

一、加工准备

1. 机床选择

2. 完成本任务零件加工所需要的工具、刀具、量具清单

3. 工艺分析及工序卡

（续）

二、程序编制

三、零件加工成果图

四、检查与评价

(续)

一、工具、设备操作评分记录表(10分)

序号	考核范围	考核项目	配分	评分标准	得分
1	工具、设备的操作	合理使用常用刀具	2	不合格不得分	
2		合理使用常用量具	2	不合格不得分	
3		正确操作数控铣床	2	不合格不得分	
4	操作的独立性	独立操作数控铣床	4	不合格不得分	

二、安全及其他评分记录表(10分)

序号	考核范围	考核项目	配分	评分标准	得分
1	安全文明及其他	严格执行铣工安全操作规程	4	违反一次扣2分	
2		严格执行文明生产的规定	4	违反一次扣2分	
3		工具、量具摆放整齐 工作场地干净整洁	2	违反一次不得分	

三、零件质量评分表(60分)

序号	考核项目	配分	评分标准	得分
1	深度4mm(两处)	4	每超差0.1mm扣2分,扣完为止	
2	厚度20mm	2	每超差0.1mm扣2分,扣完为止	
3	轮廓尺寸100mm×100mm	10	每超差0.1mm扣2分,扣完为止	
4	尺寸40mm	15	每超差0.1mm扣2分,扣完为止	
5	尺寸80mm	15	每超差0.1mm扣2分,扣完为止	
6	表面质量	6	每出现一条接刀痕扣2分,扣完为止	
7	完整性	5	轮廓与形体每少一部分扣1分	
8	干涉或过切	3	出现一处扣1分	

四、程序检测(20分)

序号	考核项目	配分	评分标准	得分
1	缩放程序	20	一处不合格扣3分,扣完为止	
	合计	100		

评分人：　　　　　　　　　　　　　　　　　　　　　　年　月　日

表 B-5 数控铣床加工任务单五

任务五		数控铣削过渡连接板			学时	4
姓名		学号		班级	日期	
同组人						

任务描述

在装有华中"世纪星"数控系统的铣床上加工目标零件。该零件的毛坯为 120mm×80mm×40mm 的棒料,材料为 45 钢。请按要求完成加工准备,编制程序后进行加工,并展示加工后的零件图片。

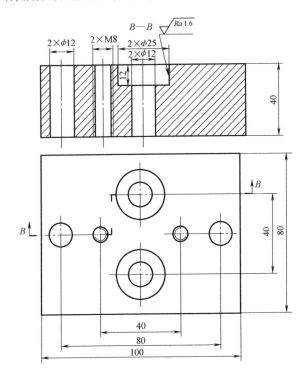

一、加工准备

  1. 机床选择

  2. 完成本任务零件加工所需要的工具、刀具、量具清单

  3. 工艺分析及工序卡

（续）

二、程序编制

三、零件加工成果图

四、检查与评价

（续）

一、工具、设备操作评分记录表（10分）

序号	考核范围	考核项目	配分	评分标准	得分
1	工具、设备的操作	合理使用常用刀具	2	不合格不得分	
2		合理使用常用量具	2	不合格不得分	
3		正确操作数控铣床	2	不合格不得分	
4	操作的独立性	独立操作数控铣床	4	不合格不得分	

二、安全及其他评分记录表（10分）

序号	考核范围	考核项目	配分	评分标准	得分
1	安全文明及其他	严格执行铣工安全操作规程	4	违反一次扣2分	
2		严格执行文明生产的规定	4	违反一次扣2分	
3		工具、量具摆放整齐 工作场地干净整洁	2	违反一次不得分	

三、零件质量评分表（60分）

序号	考核项目	配分	评分标准	得分
1	尺寸40mm	8	每超差0.1mm扣2分,扣完为止	
2	尺寸60mm	6	每超差0.1mm扣2分,扣完为止	
3	直径 ϕ12mm×4	8	每超差0.1mm扣2分,扣完为止	
4	直径 ϕ25mm×2	8	每超差0.1mm扣2分,扣完为止	
5	右旋螺纹 M12	7.5	每超差0.1mm扣2分,扣完为止	
6	左旋螺纹 M12	7.5	每超差0.1mm扣2分,扣完为止	
7	深度 12mm	6	每超差0.1mm扣2分,扣完为止	
8	表面质量	9	一处不合格扣3分,扣完为止	

四、程序检测（20分）

序号	考核项目	配分	评分标准	得分
1	孔加工程序	20	一处不合格扣3分,扣完为止	
合计		100		

评分人： 年 月 日

表 B-6　数控铣床加工任务单六

任务六		数控铣削综合零件		学时	4
姓名		学号		班级		日期	
同组人					

任务描述

在装有华中"世纪星"数控系统的铣床上加工目标零件。该零件的毛坯为 102mm×82mm×25mm 的板料,材料为 45 钢。请按要求完成加工准备,编制程序后进行加工,并展示加工后的零件图片。

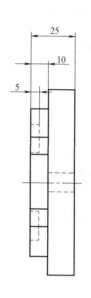
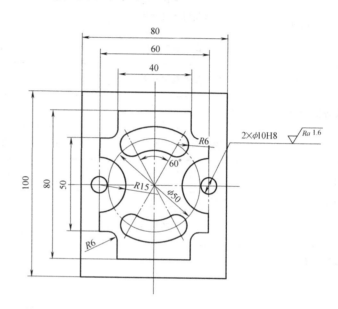

一、加工准备

1. 机床选择

2. 完成本任务零件加工所需要的工具、刀具、量具清单

3. 工艺分析及工序卡

（续）

二、程序编制

三、零件加工成果图

四、检查与评价

(续)

一、工具、设备操作评分记录表（10分）

序号	考核范围	考核项目	配分	评分标准	得分
1	工具、设备的操作	合理使用常用刀具	2	不合格不得分	
2		合理使用常用量具	2	不合格不得分	
3		正确操作数控铣床	2	不合格不得分	
4	操作的独立性	独立操作数控铣床	4	不合格不得分	

二、安全及其他评分记录表（10分）

序号	考核范围	考核项目	配分	评分标准	得分
1	安全文明及其他	严格执行铣工安全操作规程	4	违反一次扣2分	
2		严格执行文明生产的规定	4	违反一次扣2分	
3		工具、量具摆放整齐 工作场地干净整洁	2	违反一次不得分	

三、零件质量评分表（60分）

序号	考核项目	配分	评分标准	得分
1	轮廓长度100mm	4	超差不得分	
2	轮廓宽度60mm	6	超差不得分（2处×3分）	
3	轮廓宽度80mm	4	超差不得分	
4	轮廓长度80mm	4	超差不得分	
5	轮廓长度50mm	4	超差不得分	
6	轮廓宽度40mm	4	超差不得分	
7	表面粗糙度 $Ra1.6$	4	超差不得分	
8	深度5mm	6	超差不得分（2处×3分）	
9	深度10mm	4	超差不得分	
10	圆角 $R6$	8	超差不得分（4处×2分）	
11	半圆 $R15mm$	4	超差不得分	
12	内径 $\phi 10mm$	4	超差不得分	
13	厚度25mm	4	超差不得分	

四、程序检测（20分）

序号	考核项目	配分	评分标准	得分
1	程序	20	一处不合格扣3分，扣完为止	
合计		100		

评分人： 　　　　　　　　　　　　　　　　　年　月　日

参 考 文 献

[1] 申晓龙. 数控机床操作与编程 [M]. 北京：机械工业出版社，2008.
[2] 顾晔，楼章华. 数控加工编程与操作 [M]. 北京：人民邮电出版社，2009.
[3] 陈兴云，姜庆华. 数控机床编程与加工 [M]. 北京：机械工业出版社，2009.
[4] 叶凯. 数控编程与操作 [M]. 北京：机械工业出版社，2009.
[5] 康俐. 数控编程与操作 [M]. 北京：人民邮电出版社，2011.
[6] 肖国涛，徐连孝. 数控车削编程与操作项目教程 [M]. 北京：北京大学出版社，2015.
[7] 孙明江，权秀敏. 数控机床编程与操作项目化教程 [M]. 合肥：中国科学技术大学出版社，2015.
[8] 周虹. 数控车床编程与操作实训教程（修订本）[M]. 北京：清华大学出版社，2014.
[9] 任国兴. 数控车床加工工艺与编程操作 [M]. 2版. 北京：机械工业出版社，2014.
[10] 王志斌. 数控铣床编程与操作 [M]. 北京：北京大学出版社，2013.
[11] 吕宜忠. 数控编程与操作 [M]. 北京：机械工业出版社，2013.
[12] 任重. 数控机床编程及操作 [M]. 武汉：华中科技大学出版社，2013.
[13] 唐娟. 数控车床编程与操作 [M]. 北京：机械工业出版社，2018.
[14] 朱虹. 数控机床编程与操作 [M]. 2版. 北京：化学工业出版社，2018.
[15] 翟瑞波. 数控车床编程与操作实例 [M]. 北京：机械工业出版社，2011.
[16] 孙海亮，张帅. 华中数控系统编程与操作手册 [M]. 武汉：华中科技大学出版社，2018.
[17] 张玉兰. 数控加工编程与操作 [M]. 北京：机械工业出版社，2017.
[18] 李宗义，张庆华. 数控车削编程与操作 [M]. 北京：机械工业出版社，2017.
[19] 顾晔，卢卓. 数控编程与操作 [M]. 2版. 北京：人民邮电出版社，2016.
[20] 马松杰. 典型零件数控编程与操作 [M]. 西安：西安电子科技大学出版社，2016.
[21] 陈艳巧，徐连孝. 数控铣削编程与操作项目教程 [M]. 北京：北京理工大学出版社，2016.
[22] 张德红. 数控机床编程与操作 [M]. 北京：机械工业出版社，2016.
[23] 杨萍. 数控编程与操作 [M]. 上海：上海交通大学出版社，2015.